Original Japanese language edition
"DENKI, MAJIWAKARAN" TO OMOTTATOKINI YOMUHON
by Kazuo Tanuma
Copyright © Kazuo Tanuma 2022
Published by Ohmsha, Ltd.
Chinese translation rights in simplified characters by arrangement with Ohmsha, Ltd.
Through Japan UNI Agency, Inc., Tokyo

著者简介

田沼和夫

1975年毕业于日本工学院大学工学部。同年4月加入日水咨询（Nissuicon）株式会社，从事水处理设施的规划与设计工作。1988年加入北海道电气保安协会，专注于技术开发与技术教育。2014年起担任北海道科学技术大学兼职讲师，2017年创立田沼技术士事务所。持有第一类电气主任技术员、能源管理士（电工与热能）、技术士（电工与电子）等专业资格。

著有《工厂与楼宇节能教科书》《图解高压受电设备：设施标准与构成器材基础解析》《彩色版 自用电气设备维护与管理：测量实务详解》等。

双色图解

79讲

+ 理解家庭用电、智能科技的科学逻辑

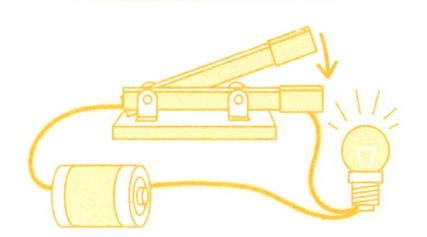

秒懂电工电子

〔日〕田沼和夫 著
吴韶波 刘辰珅 译

科学出版社
北京

图字：01-2025-1669号

内 容 简 介

电作为现代社会的"隐形血液"，支撑着家庭生活、工业生产、交通运输、通信网络等各方面的运行。然而，电看不见也摸不着，许多人虽每天与电打交道，却对其缺乏基本认识。

本书共分为 5 章，系统阐述发电、输电、配电、用电方面的知识，介绍以电视机、电冰箱和洗衣机"三大件"为代表的常见用电设备的结构与工作原理，引导读者从基本概念到实际应用，逐步构建起完整的电工电子认知体系，提升电学素养与安全意识。

本书适合科技爱好者阅读，可用于青少年科普和科学教育。

图书在版编目（CIP）数据

秒懂电工电子 /（日）田沼和夫著；吴韶波，刘辰珅译. -- 北京：科学出版社，2025.6. -- ISBN 978-7-03-082558-2

Ⅰ．TM-49；TN-49

中国国家版本馆CIP数据核字第202565HC44号

责任编辑：喻永光　杨　凯 / 责任校对：魏　谨
责任印制：肖　兴 / 封面设计：武　帅

科学出版社 出版
北京东黄城根北街16号
邮政编码：100717
http://www.sciencep.com

北京中科印刷有限公司印刷
科学出版社发行　各地新华书店经销

*

2025年6月第 一 版　　开本：880×1230 1/32
2025年6月第一次印刷　印张：6 1/4
字数：155 000

定价：58.00元
（如有印装质量问题，我社负责调换）

前　言

二战后日本进入高速经济增长期，电视机、电冰箱和洗衣机被称为"三大件"，开始逐步普及到千家万户。那时，能用电驱动的家电产品还十分有限。然而，如今我们的日常生活早已被各种电器包围，除了"三大件"，空调器、微波炉、电饭煲、个人计算机等也成了标配。在工厂里，大型设备也主要靠电驱动。而铁路、上下水道等基础设施，如果没有电的支持，也不过是堆积的钢铁和混凝土罢了。

电如此重要，却因其无形且无处不在，往往容易被我们忽视。可以说，电在现代社会中，已然成为像空气一样的存在。

过去，人们理所当然地需要理解机械的工作原理。而随着时代发展，机械结构日趋复杂，其工作原理也变得越来越难以理解。人们开始将这些难以理解的系统称为"黑箱"——虽然不清楚其内部原理，但只要能正常使用，就不再深究。然而，近年来由"黑箱化"所引发的事故却屡见不鲜。

例如，微波炉引发火灾的常见原因之一，是用户将铝箔（金属）放入炉中。但如果了解微波加热的基本原理，就能意识到这种行为的危险性，从而大大减少事故的发生。同样，若掌握一些基础的电工知识，也能有效避免插座过载引发火灾或操作不当导致触电的事故。因此，掌握基本原理，对于现代生活，是一种不可或缺的"电学素养"。

前　言

　　本书旨在深入浅出地介绍"电"这一看不见却至关重要的能源，以及各类用电设备的工作原理与结构。我们将带领读者探究一个又一个日常生活中的疑问：我们平时使用的电究竟是从哪里来，又是如何被输送到我们身边的？空调器又是如何实现冷热调节的？为何我们可以用智能手机与千里之外的人通话？

　　全书共 5 章，主要内容如下。

- 第 1 章　什么是电？
- 第 2 章　电路的定义与作用
- 第 3 章　日常生活用电
- 第 4 章　从发电到用电
- 第 5 章　电在各领域的广泛应用

　　在每一章，我们都力求以通俗易懂的语言和丰富的插图，帮助初学者加深理解。虽然电看不见摸不着，但理解其引发的各种现象，关键在于能在脑海中形成清晰的电流、电压等的想象图景。

　　希望读者能通过本书，秒懂电工电子！

　　最后，谨向在本书编写过程中给予悉心指导与大力支持的出版社同仁，致以衷心的感谢。

> **说　明**
>
> 从中国的实际情况出发，译者对本书部分内容进行了适应性调整。

目 录

第1章　什么是电？

第1讲　文明开化的象征——电的应用 …………… 002
第2讲　从电线杆到家庭用电 ……………… 004
第3讲　电费是如何计量的？ ……………… 006
第4讲　电虽然便利，但也很危险！ …………… 008
专栏1　关于强制接地制度化的首例高压触电事故 …… 011
第5讲　短路与接地到底是什么？ ……………… 012
第6讲　电动吸尘器是如何工作的？ …………… 014
第7讲　微波炉为何能"只"加热食物？ ……… 016
第8讲　空调器降温的原理与泼水降温一样吗？ …… 018
第9讲　静电不仅致痛，还可能致命？ …………… 020
第10讲　静电解密，历时2000年！ …………… 022
第11讲　冒着生命危险揭开闪电真相 …………… 024
第12讲　青蛙腿与电的深刻关系 ……………… 026
第13讲　所有电池都是从这里开始的 …………… 028
第14讲　极光和荧光灯的发光原理相同吗？ … 030
第15讲　质子（电子）数量决定了原子的性质 … 032
第16讲　电子移动形成电流 ……………… 034
第17讲　导体与绝缘体 ……………… 036

目 录

第 18 讲　解构输电的电线 ………………………… 038
专栏 2　能自行发电的电鳗 ………………………… 040

第 2 章　电路的定义与作用

第 19 讲　停在高压线上的鸟会触电吗? ………… 042
第 20 讲　电路图专用符号 ………………………… 044
第 21 讲　电压究竟是什么? ……………………… 046
第 22 讲　如雷贯耳的欧姆定律 …………………… 048
第 23 讲　串联与并联 ……………………………… 050
第 24 讲　电流战争：爱迪生与特斯拉 …………… 052
第 25 讲　电压随时变化的交流电 ………………… 054
第 26 讲　阻碍电流的作用统称为阻抗 …………… 056
第 27 讲　在交流电路中，需要考虑相位差 ……… 058
专栏 3　电源插座的左右插孔是否有所不同? … 060

第 3 章　日常生活用电

第 28 讲　用空气烧水：热泵的本质 ……………… 062
第 29 讲　通过电子加速与碰撞产生热量 ………… 064
第 30 讲　电流与光的关系 ………………………… 068
第 31 讲　磁铁内含大量磁偶极子 ………………… 070
第 32 讲　认识电磁铁 ……………………………… 072

目 录

第 33 讲　利用电磁铁发声的扬声器 …………… 074
第 34 讲　磁共振成像是如何实现的？ ………… 076
专栏 4　超导：电阻突变为零的奇妙现象 ……… 079
第 35 讲　"叛逆"的线圈 ………………………… 080
第 36 讲　怎样提高线圈产生的电压？ ………… 082
第 37 讲　通过线圈和磁铁理解发电机原理 …… 084
第 38 讲　改变电压的变压器 …………………… 086
第 39 讲　电动机的旋转原理 …………………… 088
第 40 讲　气象雷达：利用电磁波观测天气 …… 090
第 41 讲　各种各样的电磁波 …………………… 092
第 42 讲　收发电磁波的天线 …………………… 094
第 43 讲　利用电磁波的卫星通信 ……………… 096
第 44 讲　铁生锈的原因 ………………………… 098
第 45 讲　铁生锈的本质是电化学反应 ………… 100
第 46 讲　通过化学方法产生电能的电池 ……… 102
第 47 讲　电镀：在物体表面形成金属薄膜 …… 104

第 4 章　从发电到用电

第 48 讲　全程无线——从用电到充电 ………… 108
第 49 讲　干电池的内部 ………………………… 110
第 50 讲　车用铅酸蓄电池 ……………………… 112
第 51 讲　手机用的锂离子电池 ………………… 116

目 录

第 52 讲　燃料电池并非电池 ·················· 120
专栏 5　高效的家用燃料电池系统——Enefarm ······ 123
第 53 讲　抽水蓄能发电：巨型"蓄电池" ······ 124
第 54 讲　利用自然水循环的水力发电 ············ 126
第 55 讲　火力发电：利用蒸汽推动轮机 ·········· 130
第 56 讲　核能发电：基于核裂变的蒸汽发电 ······ 134
第 57 讲　可再生能源发电 ······················ 136
第 58 讲　半导体在太阳能发电中的重要性 ········ 138
第 59 讲　风力发电：结构复杂的清洁能源 ········ 140
第 60 讲　地热发电——利用地下热能 ············ 142
第 61 讲　日本随处可见的电线杆和电线 ·········· 144
第 62 讲　从发电到家庭用电 ···················· 146
第 63 讲　电力频率的调控机制 ·················· 148
第 64 讲　日本电网频率不统一的成因 ············ 150
第 65 讲　停电的类型、原因与应对 ·············· 152
专栏 6　锂电池与诺贝尔化学奖 ················ 156

第 5 章　电在各领域的广泛应用

第 66 讲　身边的半导体：现代科技基石 ·········· 158
第 67 讲　什么是半导体？ ······················ 160
第 68 讲　LED——高效环保的光源 ·············· 162
第 69 讲　变频技术：家电节能的关键 ············ 164

目 录

第 70 讲　模拟信号与数字信号的区别 ·············· 166

第 71 讲　从电缆到光缆：通信技术革命 ············ 168

第 72 讲　5G 移动通信：连接未来的技术 ········ 170

第 73 讲　数据中心：现代互联网的支柱 ············ 172

第 74 讲　IoT：连接万物的物联网 ················ 174

第 75 讲　汽车电子控制：计算机驱动的智能 ··· 176

第 76 讲　非接触式体温计：红外测温的原理 ··· 178

第 77 讲　人体传感器：节能与安全利器 ············ 180

第 78 讲　血压计是如何精准测量血压的？ ······ 182

第 79 讲　图像传感器：光电转换圣手 ··············· 184

vii

第 1 章 什么是电?

第 1 讲　文明开化的象征——电的应用

生活与电

☑电灯　　☑弧光灯

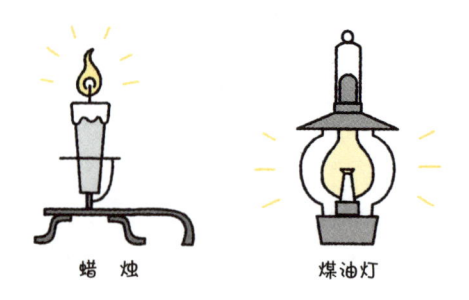

蜡烛　　煤油灯

电灯出现以前

在江户时代，人们使用蜡烛、菜籽油、芝麻油、鱼油等照明。进入**明治时代**后，煤油灯开始在普通家庭中普及，街道上的路灯则多采用**煤气灯**。照明作为西方文化与技术的一部分，逐渐在日本普及开来。

最初的弧光灯

电灯也是西方技术成果之一，1878年（明治11年）3月25日，位于虎之门的工部大学校（今东京大学工学部）成功点亮了日本第一盏电灯——**弧光灯（碳弧灯）**。为纪念这一具有历史意义的事件，日本将3月25日定为**电气纪念日**。

第1讲 文明开化的象征——电的应用

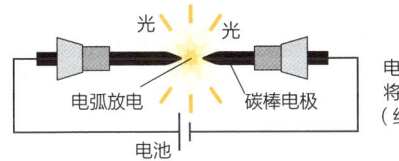

电弧灯利用电弧放电,将碳棒电极加热至高温(约4000℃)后发光

▲ 电弧灯的原理

文明开化的象征

弧光灯首次点亮后 4 年,即 1882 年(明治 15 年)11 月 1 日,东京银座出于宣传需要首次安装了弧光灯街灯。这一新奇景象吸引了大量市民前来观赏,数日间人流不息。弧光灯高悬于约 15m 的电线杆上,其亮度远超人们以往熟悉的蜡烛或煤油灯,震撼了当时的观众。

在描绘该场景的锦绘《东京银座通电气灯建设之图》中,有如下记载:"电灯乃美国人之新发明,其发光非因引燃他物,而是依赖一种电气装置产生火光,照明范围可达数十町[1]之遥,宛如白昼一般。除日月之外,世间再无可与之比拟的光源。"

因此,对于当时的人们,弧光灯正是**文明开化的象征**。

▲《东京银座通电气灯建设之图》(日本电气史料馆提供)

---

[1] 日本长度单位,1 町约 120m。

第 2 讲 从电线杆到家庭用电

生活与电 ///　　☑电力入户　☑配电盘　☑断路器

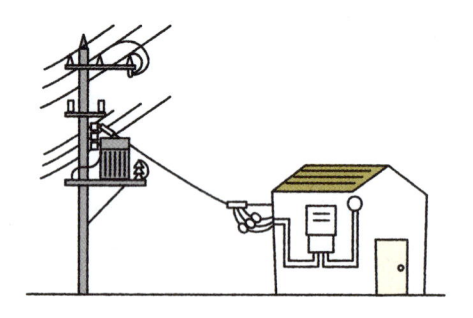

电力入户

简单来说，"电力入户"就是从电线杆上的配电线取电，引入住宅的配电盘。通常情况下，电力公司会从路边的电线杆上引出入户线，从建筑物的屋檐或外墙穿入。**入户线的连接点**就是**电力公司与用户之间的分界点**，也是安全责任和产权责任的分界点。

入户线的高度

根据相关规定，**入户线穿越道路时应不低于 5m，进入建筑物内部时应高于 2.5m**。这些高度规定，一方面是为了避免电线影响车辆通行，另一方面也是为了防止人们误触电线，从而保障用电安全并预防触电事故。

配电盘

电力入户后,需要进一步分配到不同楼层和各个房间。实现这一分配功能的装置被称为"配电盘"。

配电盘是建筑物电力系统的重要组成部分,它负责将主电源分配至各个分支线路,供不同的房间和用电设备使用。配电盘内通常包含断路器等安全防护装置,可以在线路发生过载或短路时自动切断电源,从而防止线路和设备受损,**提高用电系统的安全性**。

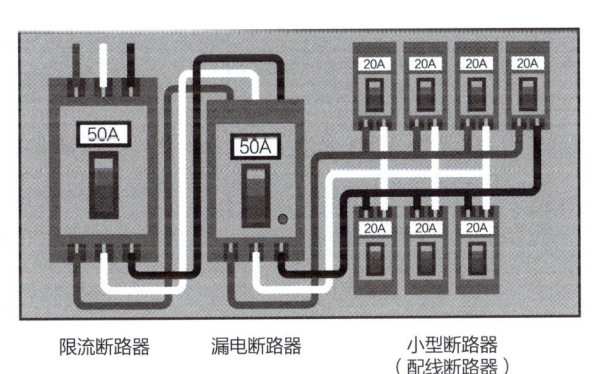

限流断路器　　漏电断路器　　小型断路器
（配线断路器）

▲ 配电盘的内部

限流断路器

配电盘中设有由电力公司配置的**限流断路器**。当用电电流超过合同规定时,断路器会自动切断电源,防止超负荷用电。但如果已安装带限流断路器的智能电表,则无须单独配置限流断路器。

值得注意的是,日本有些地区的电力公司最初就未采用限流断路器,而是采用**最低费用制(固定月租)**,以满足不同用户的需求。

第 3 讲 电费是如何计量的？

生活与电 ///　　　☑智能电表　☑电能表　☑电费

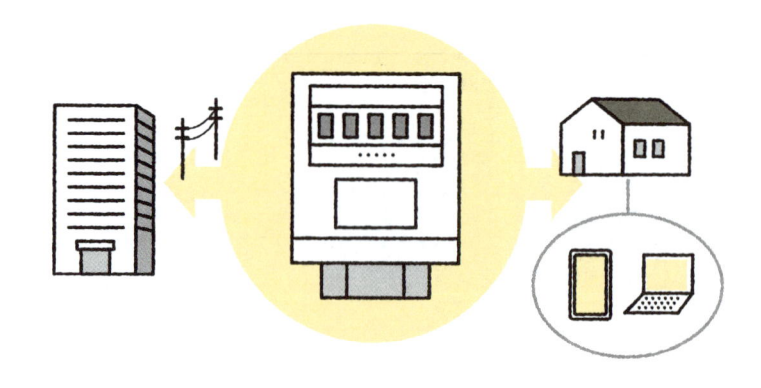

看不见的电

在建筑、土木、机械等以实物为主的工程领域，通过直接观察物体及其运动，能够直观理解其性质和功能。

相比之下，电是看不见的，无法通过人体五官直接感知。为了对电进行管理，需要借助仪表将其**可视化**。为此，人们开发了各种测量仪表，其中之一便是用来计量所用电能的**电能表**——准确地说应称为累计电能表。一般也被称为"电表"。此外，为了保证电能表的测量精度，**法律上规定了电能表的有效使用期限**。

电能表的种类

过去主要使用测量交流电有功功率的感应式电能表（机械式），但近年来广泛采用具有通信功能的**智能电表**（电子式）。

智能电表不仅可以将用电量发送给电力公司，还可以实现远程通断电，以及合同容量调整。此外，智能电表一般每30min进行一次测量，能更精细地监控用电情况。如果能与智能家居系统、家用电器或电动汽车（EV）等进行联动，还可以实现用电的最优化管理。

电　费

在日本，每月的电费不仅仅包含用电量的费用，还包含一些其他费用。

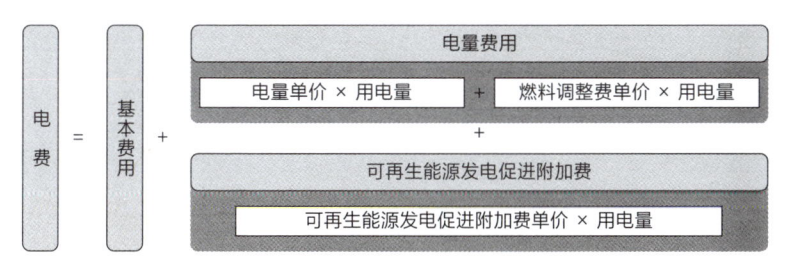

电费 = 基本费用 + 电量费用（电量单价 × 用电量 + 燃料调整费单价 × 用电量）+ 可再生能源发电促进附加费（可再生能源发电促进附加费单价 × 用电量）

▲ 电费的明细

燃料调整费是为了应对发电所需燃料价格波动而设置的。具体来说，如果电力公司实际采购燃料的价格高于基准价格，电费中就会加上这部分差额；如果低于基准价格，则会从电费中减去这部分差额。

另外，可再生能源发电促进附加费用来分担可再生能源发电的电力收购费用，适用于**太阳能**、**风能**、**水能**、**地热能**和**生物质能**这五种可再生能源。

第 4 讲 电虽然便利，但也很危险！

生活与电 ///　　☑触电事故　☑触电形式　☑电气火灾

触电事故

提到电，很容易让人联想到触电事故。电是我们生活中不可或缺的能源，但如果使用不当，也可能在瞬间造成致命危害。

在触电事故中，危险程度并非取决于施加在人体上的电压，而是与**流经人体的电流大小**、**电流持续时间**以及**电流路径**有关。

电流越大，风险越高。但即便是 1A 的百分之一，即 10mA 的微小电流，**人体都难以承受**。而且，电流持续时间越长，造成的伤害越大。如果电流流经心脏，可能会导致心脏骤停，造成触电死亡。

第 4 讲　电虽然便利，但也很危险！

值得注意的是，触电事故**多发于夏季**。虽然人体本身也有一定的电阻（500～1000Ω），但出汗等原因导致皮肤潮湿时，电阻会大幅下降，这被认为是事故多发的原因之一。与此同时，夏季衣着较为单薄、皮肤暴露较多，这被认为是事故多发的另一个原因。

触电形式

触电的形式主要有以下几种。

- 人体成为电流通路。也就是说，人体造成**短接**。
- 人体接触到电线等的带电部位，电流经人体流向大地。
- 接触到漏电的设备，电流经人体流向大地。

(a) 人体成为电流通路　　(b) 人体接触到带电部位　　(c) 接触到漏电的设备

▲ 代表性的触电形式

电气火灾

许多人以为用电不涉及明火，因此是安全的，但实际上电气火灾在总体火灾中的占比逐年升高，目前已接近 **30%**。

电气火灾的主要原因多与用户操作不慎或维护不当有关。例如，电气设备和插座需要定期检查和清洁，并严格按照说明书操作，确保安全使用。

第❶章
什么是电？

近年来，**恢复供电火灾**日益受到关注。所谓"恢复供电火灾"，是指地震、台风等灾害导致停电后，恢复供电时发生的火灾。例如，电热器具因地震晃动后与可燃物接触，在恢复供电后引发火灾，或者受损的电气线路短路导致火灾等。这类火灾的可怕之处在于，往往不在灾害发生时立即发生，而是**存在时间差**，甚至**可能在家中无人时发生**。

预防恢复供电火灾，最有效的方法是在**紧急疏散时切断配电盘上的断路器**。回家后，必须先确认设备和线路的完好与安全后，再恢复供电。

▼ 电气火灾的三大原因

火灾源头	发生原因	防止对策
用电设备	接触可燃物而引发火灾，如晾晒的衣物掉落在电暖炉上，睡觉时毛毯或被子盖到了电暖炉上，这类情况较为常见	外出或睡前关掉电源开关。不在取暖器附近放置易燃物品。不在取暖器上晾晒衣物。不使用时拔掉电源插头
电源线	插线板串联过多或电源线缠绕导致过热的情况很常见。此外，电源线被家具压住，造成外皮或芯线损坏（半断裂），也会引发过热	不在电源线上方放置家具等重物。大功率负载不使用多孔插线板串联供电。避免电源线弯折或缠绕
插座和插头	长期插在插座上的插头与插座之间容易积灰，吸湿后就会导致插头两极之间反复放电——沿面放电，并经常因此引发火灾	定期检查并清洁插座与插头（特别是那些不易看见的插座）。可以使用插头安全保护盖或插座安全盖。不使用的插头应及时拔掉

专栏1　关于强制接地制度化的首例高压触电事故

1897年10月15日发行的《电气之友》杂志第75卷中，有如下记载：

> 10月6日下午5点10分，神田锦町二丁目三番地的牛肉店"江知胜家"的女佣小花（15岁），试图将电灯从案板处移到入口的鞋柜处。当她伸手去拉电灯线时，突然发出一声尖叫，随即倒在地上。家里人见状大吃一惊，大家赶紧跑来，只见……（节选）

这起事故的原因在于高压（2000V）与低压（100V）线路发生了接触（高低压混电），致使高压（2000V）窜入了低压线路。同时，以下原因叠加导致了这起悲惨的触电死亡事故的发生。

事故前两三天一直下雨，而且事发时她的手还是湿的。

事故当天，附近有几个人尝试开灯时感到了电流带来的麻麻的感觉，因此向电力公司报修，但事发时尚未修好。

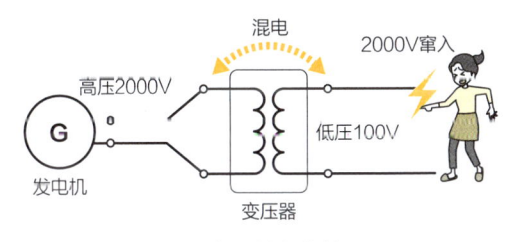

▲ 高压触电事故

此后，以这起事故为契机，低压侧接地成了强制性要求。这样即便高压与低压线路发生接触，也能防止低压侧电压升高。

第 5 讲 短路与接地到底是什么？

生活与电 /// ☑过电流 ☑短路事故 ☑漏电事故

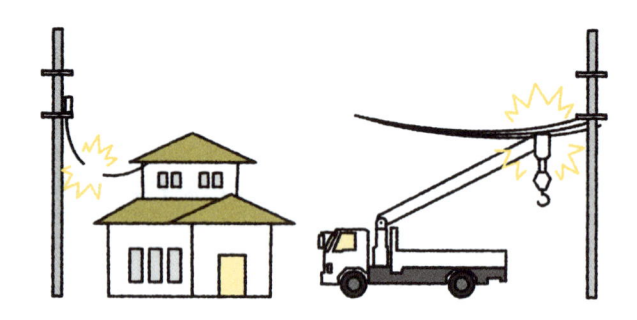

过电流、短路事故

过电流和短路事故是指**用电过度**，导致电流超过允许值，或者**故障**导致电路发生短路，从而产生非常大的电流。

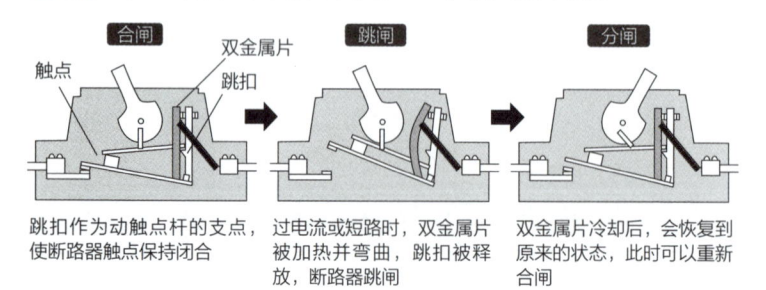

合闸	跳闸	分闸
触点、双金属片、跳扣		
跳扣作为动触点杆的支点，使断路器触点保持闭合	过电流或短路时，双金属片被加热并弯曲，跳扣被释放，断路器跳闸	双金属片冷却后，会恢复到原来的状态，此时可以重新合闸

▲ 配线断路器的工作原理

第 5 讲　短路与接地到底是什么?

如果放任不管，电线和用电设备会被烧毁，甚至可能引发火灾。为防止这种情况，应安装**配线断路器**等保护装置。

漏电事故

漏电事故是指，正常情况下只在电线和用电设备内部电路中流动的电流，流到电路之外，从而导致触电或火灾等极为危险的事故。保护措施包括**接地**和使用**漏电断路器（漏电保护器）**。

接地是在电线或用电设备漏电时，将漏电电流引导至大地，从而降低触电风险的措施。

漏电断路器是一种检测到漏电便切断电路的保护装置。正常情况下，进线和回线的电流大小一致；而发生漏电时，回线中的电流会因为漏电而减小。漏电断路器正是利用这一现象进行检测的。

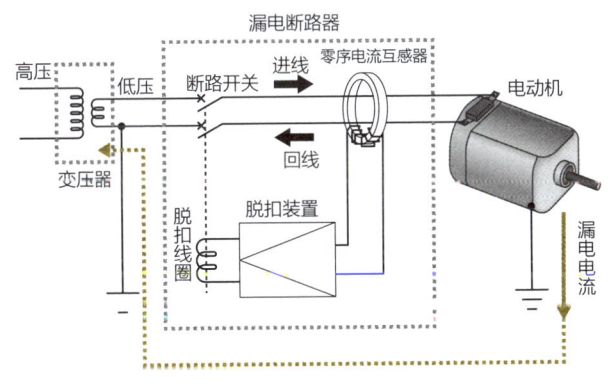

▲ 漏电断路器的工作原理

为了预防漏电造成灾害，除了安装漏电断路器，还应将用电设备的外壳等金属部分接地。

013

第 6 讲　电动吸尘器是如何工作的？

生活与电 ///　　☑电动机　☑纸袋　☑气旋分离

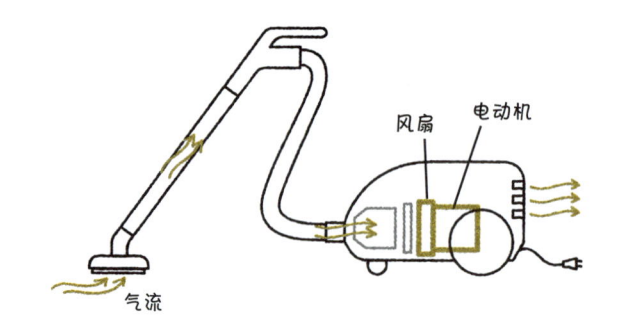

风扇　电动机　气流

吸尘器的结构

　　吸尘器主要由三部分组成：**吸头**、**软管**和**主体**。吸头用于吸取灰尘和杂物，软管连接吸头与主体，主体则包含动力和过滤系统。这三部分构成一个连通的气流通道，便于内部空气自由流动。主体内部配有一个由电动机驱动的高速风扇。风扇前方设有多级**过滤器**，其中一种被称为"**纸袋**"，用于过滤较大的灰尘和杂物。

吸尘器的工作原理

　　按下开关后，电动机启动并带动风扇旋转。风扇通常以

30 000~40 000 r/min 的高速运转，将叶片间的空气从排气口高速排出。由于叶片中央区域的空气被不断抽走，形成局部低压，外部空气便通过软管被吸入吸尘器内部。空气流动会同时携带灰尘和杂物一同进入，经纸袋和其他过滤器分级过滤后排出。排气之所以带有热量，是因为高速运转的电动机发热。

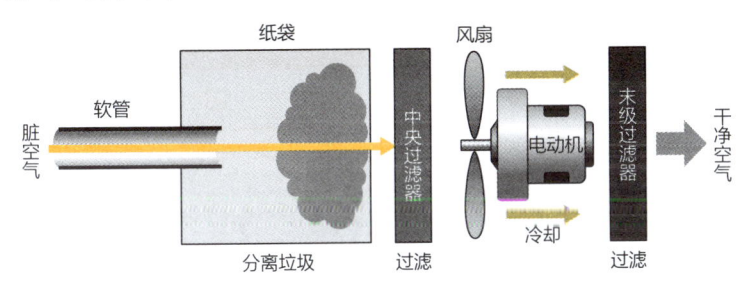

▲ 纸袋式吸尘器的结构

旋风式吸尘器

有一种不采用纸袋的吸尘器，被称为"**旋风式吸尘器**"。它采用**旋风分离器**代替纸袋。旋风结构内部的空气如台风般高速旋转，灰尘和垃圾会被强大的离心力甩向内壁。这样，垃圾被分离出来，只有经过滤后的空气排出到外部。

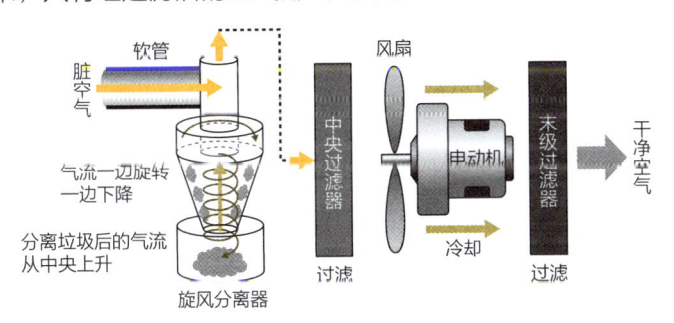

▲ 旋风式吸尘器的结构

第 7 讲 微波炉为何能"只"加热食物？

生活与电 ///　　　☑水分子　☑磁控管　☑微波

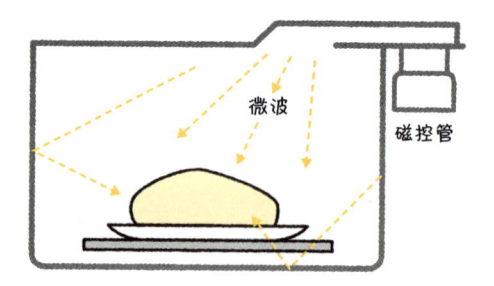

水分子

水分子（H_2O）由两个氢原子（H）和一个氧原子（O）组成。虽然整个分子对外呈电中性，但由于**氧原子带负电荷**，**氢原子带正电荷**，使水分子成为具有明显极性的**电偶极子**。电偶极子能够在外加电场作用下调整自身方向，与电场方向保持一致。

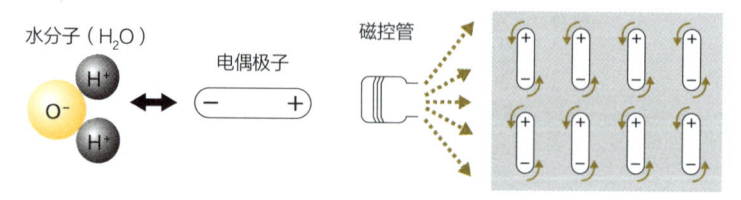

▲ 水分子与加热原理

磁控管

微波炉的核心部件是**磁控管**，这是一种特殊的**真空电子管**。磁控管通过阴极释放电子，这些电子以螺旋路径向阳极运动，并在靠近阳极的谐振腔中激发出微波。微波是频率在 300~3000MHz 的电磁波，家用微波炉的磁控管通常工作在 2450MHz。

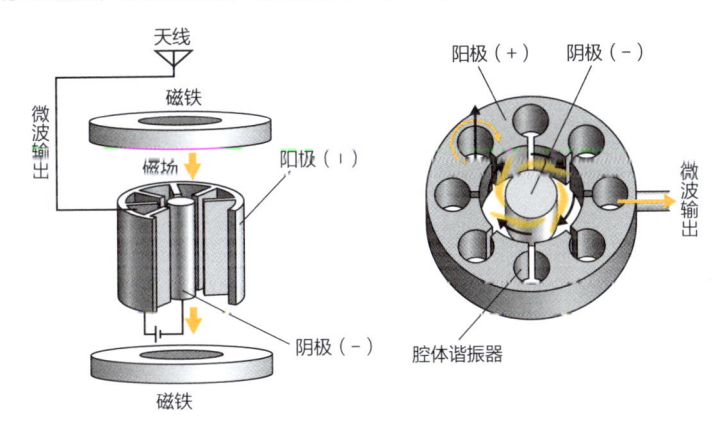

▲ 磁控管的原理

微波炉

当磁控管产生的微波照射食物中的水分子时，微波的电场发生每秒约 24 亿次（2450MHz）的方向切换。水分子作为电偶极子，随着电场的变化不断旋转和振动。这种激烈的振动导致**分子间产生摩擦热**，从而使食物升温。正因为这一原理，含有足够水分的物质才能被微波炉有效加热，而**不含水分或含水量极低的物品很难被加热**。

此外，微波炉内壁采用**能够反射微波的金属材料**制造，确保微波在腔体内多次反射。这有助于微波能量均匀分布，减少加热不均的现象，从而提高加热效率。

第 8 讲 空调器降温的原理与泼水降温一样吗?

生活与电 /// ☑汽化热 ☑冷凝热 ☑制冷循环 ☑热泵

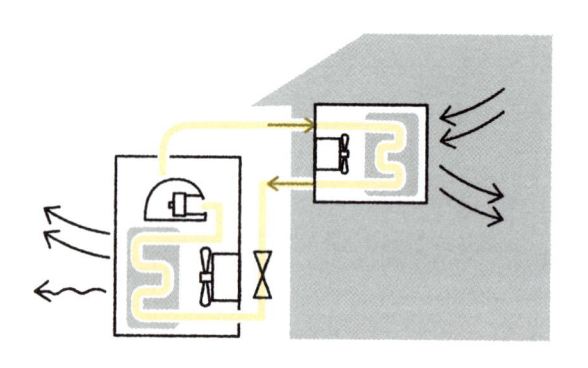

状态变化

当水由液态变为气态时,会从周围环境吸收大量热量——这被称为**"汽化热"**。因此,泼水后水分蒸发带走热量,使人感觉凉爽。反之,气体变为液体时,会释放热量——这被称为**"冷凝热"**。

此外,气体在压缩时温度升高,膨胀时温度降低,这也属于热力学中的状态变化规律。

空调器正是利用了液体和气体在状态变化过程中的热量转移特性。不过,相较于泼水降温主要靠水的汽化,空调器使用的是

第 8 讲 空调器降温的原理与泼水降温一样吗?

一种专门的介质——**制冷剂**。制冷剂可以在较低温度和压力下反复汽化和冷凝,从而有效地转移热量。

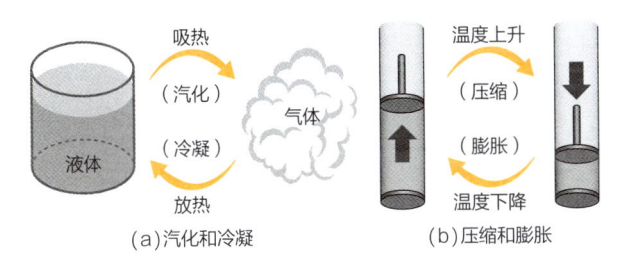

(a) 汽化和冷凝　　(b) 压缩和膨胀

▲ 汽化热和冷凝热

空调器的制冷循环过程

① **压缩**(压缩机/室外机):低温低压的气态制冷剂被压缩成高温高压气体,并送往冷凝器。

② **冷凝**(冷凝器/室外机):高温高压的气态制冷剂通过冷凝器,与室外空气进行热交换,将热量释放到室外,并凝结为中温高压的液体。

③ **节流**(膨胀阀/室外机):中温高压液态制冷剂经过膨胀阀后,压力骤降,变成低温低压的液体。

④ **蒸发**(蒸发器/室内机):低温低压的液态制冷剂在蒸发器中吸收室内空气中的热量而汽化,室内空气因此被冷却;制冷剂变为低温低压气体,重新回到压缩机,循环往复。

热泵原理

空调器不仅可以制冷,还可通过"**热泵**"原理实现制热:当制冷循环的方向逆转时,冷凝器与蒸发器的作用位置互换,从而将室外热量转移到室内,实现制热供暖。

第 9 讲 静电不仅致痛，还可能致命？

电的发现 /// ☑电击 ☑放电 ☑电压

静电与电击现象

在冬季寒冷干燥的环境中，人们常常在接触门把手或汽车金属部件时，感受到手指"啪"的一声被电击，这就是**静电放电**现象。脱毛衣时在黑暗中看到的蓝白色闪光，也是静电放电造成的。日常生活中，人体携带的**静电电压可达到 3000～10 000 V**。

静电放电虽然电压很高，但**放电过程极为短暂**，且流经人体的电流极小。只有在瞬间放电时，人体才会感受到短暂的刺痛或不适。这种放电很快便结束，静电电荷亦随之中和或消散，因此一般不会造成致命损伤。但如果人体持续受到静电放电，则可能产生较严重的电击反应，从而存在一定安全风险。

第 9 讲　静电不仅致痛，还可能致命？

▼ 静电电压对人体感受的影响

静电电压 /V	人体感受
1000	几乎无感觉
2000	指尖感到轻微刺痛
3000	针刺感，轻度疼痛
5000	手部及前臂局部疼痛
6000	手指剧烈疼痛，上臂感到沉重
7000	强烈刺痛并伴有麻木
8000	手及前臂明显麻木和刺痛
9000	手指剧痛，手部麻木
10 000	手部全面疼痛和电流感
11 000	手指剧烈疼痛，整体感受强电击
12 000	手部整体有剧烈打击感

家庭用电

家庭用电的电压一般为 100V[①]，与静电相比电压较低，但其本质区别在于电流大小和持续性。如果将手指插入插座，人体会受到持续的电流冲击，导致剧烈疼痛，危及生命。这是因为家庭用电为"动电"，能够持续提供较大的电流。举例来说：静电就像一辆速度极快但无油的汽车，有高电压但几乎无电流；而家庭用电则是速度不高但燃料充足的汽车，电流可源源不断地流动。

静电可比作池塘中的死水——能量被储存但不流动，仅在特定条件下瞬时放出。"动电"则如同河流，持续不断地输送能量。这一差异决定了静电通常只会引发短暂刺痛，而"动电"则可造成长时间且严重的伤害。

---

① 中国家庭用电的电压为 220V。——译者注

第 10 讲 静电解密，历时 2000 年！

电的发现 /// ☑ 泰勒斯　☑ 威廉·吉尔伯特　☑ 带电序列

泰勒斯的发现

在古希腊时期，人们注意到琥珀经过摩擦后能够吸引轻小的物体。这一现象最早由哲学家**泰勒斯（Thales）**记录。他是历史上最早对此做出专门论述的人，发现摩擦过的琥珀可以吸引碎草等轻小物体。由于古希腊人将琥珀视为珍贵的装饰品，经常佩戴于身，因此较易观察到其吸引轻小物体的现象。虽然泰勒斯当时误将这一现象归因于磁力，但他的记录标志着人类对静电现象的最早认知。需要指出的是，彼时人们尚未具备关于"静电"或"电"的系统性知识。

泰勒斯不仅在自然现象研究方面有突出贡献，还涉猎天文学、数学与哲学等多个领域。历史记载显示，他曾成功预测日食，并通过几何学方法测量过金字塔的高度等。

吉尔伯特的实验与命名

直到 16 世纪，英国物理学家**威廉·吉尔伯特（William Gilbert）**通过实验进一步揭示静电现象。他发现，不仅琥珀，许多其他物体经过摩擦后也能表现出类似的吸引行为。吉尔伯特据此认为，这种力并非源自物体本身固有的性质，而是由**摩擦**而产生。他采用希腊语中琥珀的词源"elektron"，将这种现象命名为"**electricity**"——电。

从泰勒斯对静电现象的初步观察，到吉尔伯特对其本质的科学阐释，这一科学谜题延续并发展了近 2000 年，体现了人类对自然规律认知的渐进历程。

静电的产生机制

当两种材料相互摩擦时，一种物体表面会获得正电荷，另一种则获得等量的负电荷，这被称为"**摩擦起电**"。物体由于摩擦而获得电荷，并处于静止状态时，这些电荷被称为"**静电**"。

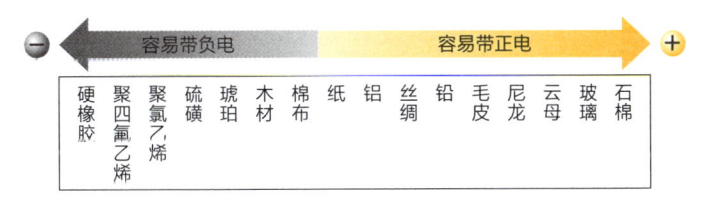

容易带负电 ←	→ 容易带正电
硬橡胶　聚四氟乙烯　聚氯乙烯　硫磺　琥珀　木材　棉布	纸　铝　丝绸　铅　毛皮　尼龙　云母　玻璃　石棉

▲ 带电序列

例如，将玻璃棒与丝绸摩擦后，玻璃棒通常带正电，丝绸则带负电。类似地，若用硬橡胶棒与毛皮摩擦，硬橡胶棒将带负电，而毛皮则带正电。材料在摩擦后倾向于获得哪种电荷，有一定的规律——这被称为"**带电序列**"。带电序列反映了不同材料在摩擦过程中获得正电荷或负电荷的相对能力，有助于理解和预判摩擦起电现象的规律性。

第 11 讲　冒着生命危险揭开闪电真相

电的发现 ///　　☑莱顿瓶　　☑放风筝实验　　☑富兰克林

莱顿瓶

莱顿瓶是一种用于储存静电的早期装置，因诞生于荷兰的莱顿大学而得名。彼时，虽然已有通过摩擦产生静电的实验装置，但尚无有效储存静电的方法。

① 在玻璃瓶的内外表面分别贴附金属箔（通常为锡箔）。从瓶口插入一根带有金属链的金属杆（常为黄铜），链子与瓶内的金属箔相接。

② 用带电导体接触杆顶端的金属球，将电荷导入瓶内金属箔。

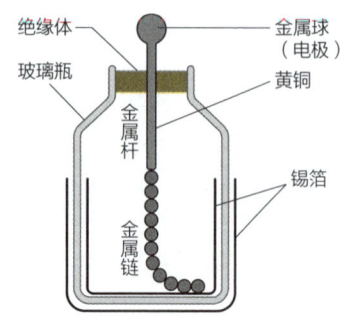

▲ 莱顿瓶

③ 内外金属箔之间由玻璃绝缘，形成电容器，电荷分别积聚在内外金属箔上。电场能量储存在玻璃介质所形成的电场中。

放风筝实验

"雷是电"已众所周知，但在莱顿瓶发明之初，雷电的本质仍是未解之谜。美国科学家本杰明·富兰克林认为，摩擦产生的静电放电与雷电现象存在相似性，雷电可能也是电的一种形式。

1752 年，莱顿瓶发明 6 年后，富兰克林进行了著名的放风筝实验。他在雷雨天将风筝放飞，使风筝线进入雷云，并将线的末端连接到莱顿瓶。实验过后，他发现莱顿瓶中积聚了电荷。

在该实验中，人们普遍认为雷电的电流通过风筝线流入莱顿瓶使其充电。然而，事实上如果真的有大规模雷电（直击雷）通过风筝线，风筝和风筝线极有可能被高温烧毁，甚至导致严重的人身伤害。因此，目前学界推测，富兰克林实验中莱顿瓶受到的可能只是**静电感应**的影响。

此后，其他研究者尝试用类似方法进行实验，不幸的是，有人因此遭遇雷击身亡。富兰克林能够幸免于难，部分原因或许只是**运气**使然。

此外，富兰克林通过此实验认识到，若在高大建筑物顶部安装金属棒，并通过导线与大地相连，便可将雷电安全引导入地，从而防止建筑物遭受雷击。基于这一原理，他发明了**避雷针**。

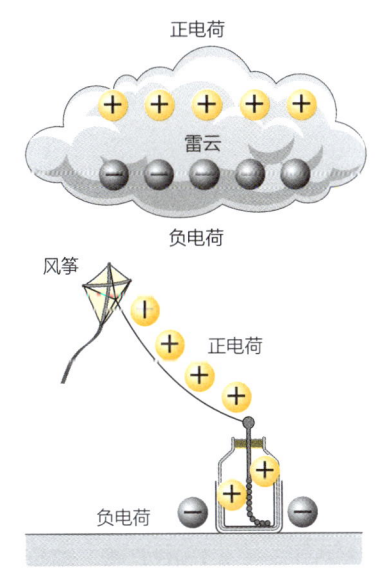

▲ "富兰克林的风筝"实验

第 12 讲　青蛙腿与电的深刻关系

电的发现 ///　　　☑伽伐尼　☑黄铜钩　☑动物电

青蛙腿实验

　　意大利解剖学家卢伊吉·伽伐尼（Luigi Galvani）专注于肌肉对刺激的反应等生理现象。大约在 1780 年，他在使用青蛙腿进行实验时偶然发现，悬挂青蛙腿的黄铜钩碰到铁时，**青蛙腿会发生痉挛**。为进一步验证，他将青蛙腿放在铁板上，将黄铜钩用力按压在铁板上，结果青蛙腿同样出现了肌肉痉挛。伽伐尼在不同地点和时间多次重复实验，均得到了类似结果。然而，他也注意到，如果**使用玻璃、橡胶、石头等绝缘体，则不会引发肌肉痉挛**。

第 12 讲 青蛙腿与电的深刻关系

通过这些观察，伽伐尼推断，动物体内蕴含着电，以金属为媒介，在神经与肌肉之间形成回路时，电流得以流动，这种电流可以控制肌肉运动。

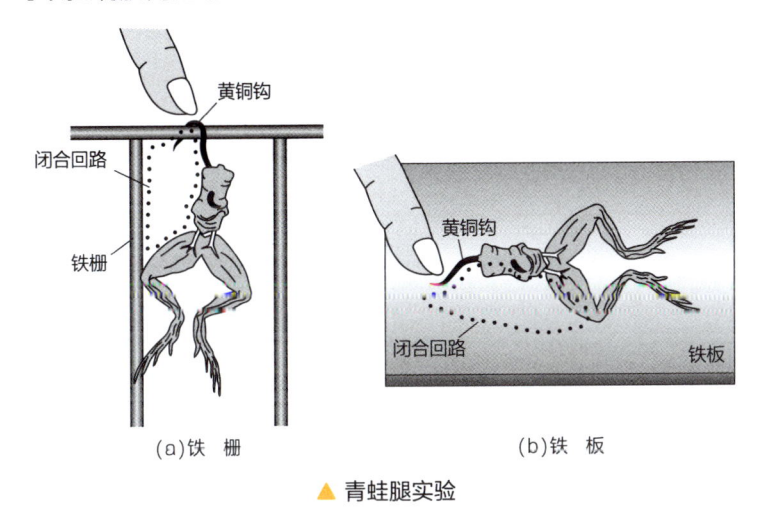

(a) 铁　栅

(b) 铁　板

▲ 青蛙腿实验

动物电

最终，伽伐尼得出结论：电作为一种特殊的流体存在于动物体内，肌肉能够储存这种流体。他将这种特殊的流体命名为"**动物电**"。

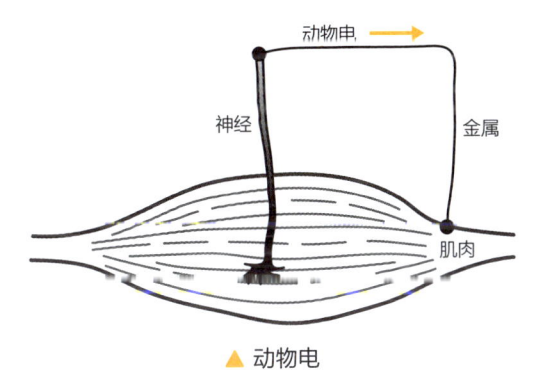

▲ 动物电

第13讲 所有电池都是从这里开始的

电的发现 /// ☑伏打 ☑丹尼尔电池 ☑伏特

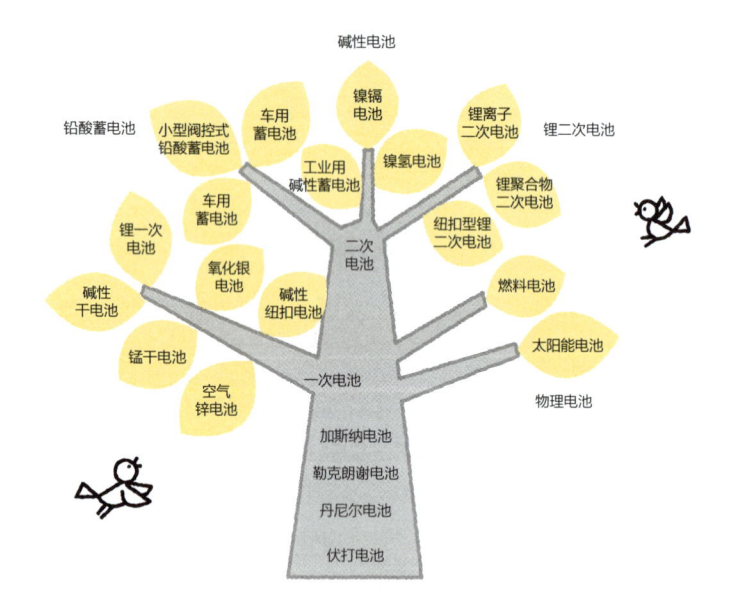

```
                    碱性电池
                车用    镍镉
                蓄电池  电池      锂离子
  铅酸蓄电池  小型阀控式           二次电池   锂二次电池
              铅酸蓄电池  工业用   镍氢电池
                         碱性蓄电池
                   车用              锂聚合物
                   蓄电池            二次电池
              锂一次          二次
              电池            电池   纽扣型锂
                   氧化银            二次电池
                   电池
              碱性        碱性              燃料电池
              干电池      纽扣电池
                                          太阳能电池
                   锰干电池
                           一次电池        物理电池
                   空气
                   锌电池
                         加斯纳电池
                         勒克朗谢电池
                         丹尼尔电池
                         伏打电池
```

不同金属的作用

伽伐尼将他关于动物电的研究进行了系统总结,并于 1791 年以论文形式发表。看到这项研究后,意大利物理学家**亚历山德罗·伏打**(Alessandro Volta)开展了自己的实验,并提出不同观点:实验中产生电流的根本原因并非"动物电",而是两种

第 13 讲　所有电池都是从这里开始的

金属与导电介质（如青蛙腿组织）之间的物理作用，利用两种金属之间的电位差，即可产生电流。

针对这一观点，伽伐尼与伏打展开了激烈争论。但 1800 年，伏打成功发明以两种金属为电极的伏打电池，令更多科学家认可了其理论。

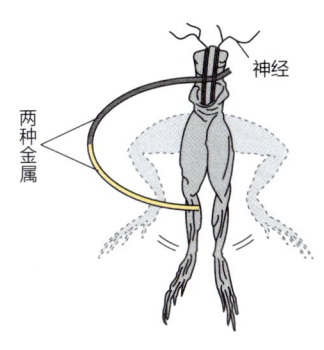

▲ 伏打的观点

伏打电池

无论是**伏打电池**还是各类现代电池，产生电流的基本条件都包括两种金属（阳极和阴极），以及电解液。

▲ 电池的材料

伏打电池常以铜作为正极材料，锌作为负极材料，电解液则选用食盐水或稀硫酸。伏打电池虽然是现代电池的原型，但还存在诸多不足，随后进一步发展为**丹尼尔电池**。

伏打发明的电池首次实现了持续电流输出，极大地推动了电学及电工技术的发展，促进了电灯、电动机、收音机等重要发明的诞生。为表彰伏打的杰出贡献，电压的单位被命名为"**伏特**"（Volt）。

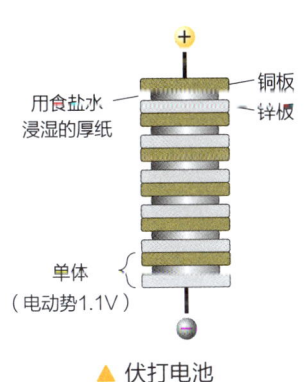

▲ 伏打电池

029

第 14 讲 极光和荧光灯的发光原理相同吗？

神奇的电 ///   ☑等离子体状态   ☑太阳风   ☑荧光灯

极 光

极光和彩虹虽然都以绚丽著称，但它们的形成机制截然不同。彩虹是**太阳光在大气中的水滴上发生反射和折射后形成的光学现象**，本质上我们所见的七色光只是太阳光的分解。相反，**极光是一种大气自身发光现象**。地球大气主要由氮气和氧气组成，极光正是氮分子和氧原子直接发光的结果。

太阳表面温度极高，可达百万摄氏度以上，其物质处于**等离子体状态**——即由带电的电子和离子组成的气体。这些高速运动的带电粒子被称为**太阳风**，它们不断从太阳释放，朝向地球运动。太阳风到达地球后，为极光的产生提供了能量来源。

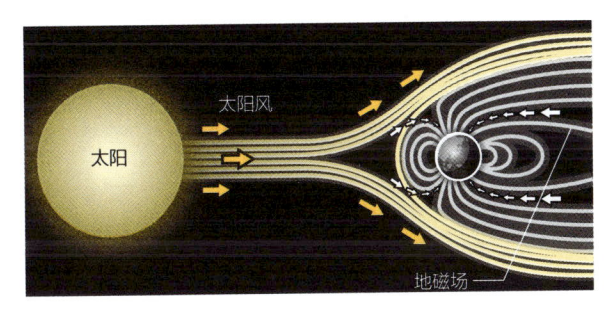

第14讲 极光和荧光灯的发光原理相同吗?

▲ 太阳风

发光原理

当太阳风中的带电粒子冲入地球大气,与氮分子和氧原子猛烈碰撞时,大气分子吸收能量并被激发到高能态。当其能量释放、回到低能态时,就会以光的形式发射出来,形成极光。

这与**荧光灯**的发光原理相似。在荧光灯中,电极释放的电子与汞原子碰撞,激发汞原子**发射紫外线**,紫外线再激发灯管内壁的荧光粉发光,最终产生可见光。两者的共同之处在于:都是高能电子或带电粒子碰撞原子,使其激发并在去激发过程中发光。

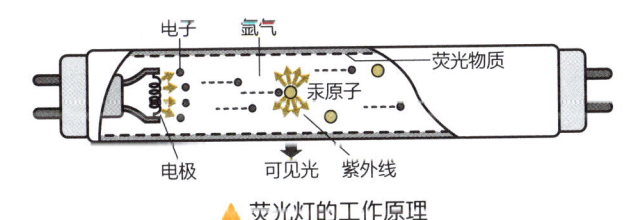

▲ 荧光灯的工作原理

地球本身是一颗巨大的磁体,北极为 S 极,南极为 N 极。地球磁场能够引导和汇聚太阳风中的带电粒子,使其主要集中在南、北两极地区。因此,极光多发生在高纬度的两极附近,这也是只有在这些区域才能观测到极光的直接原因。

031

第15讲 质子（电子）数量决定了原子的性质

神奇的电 ///　　☑最小的粒子　☑原子序数　☑分子

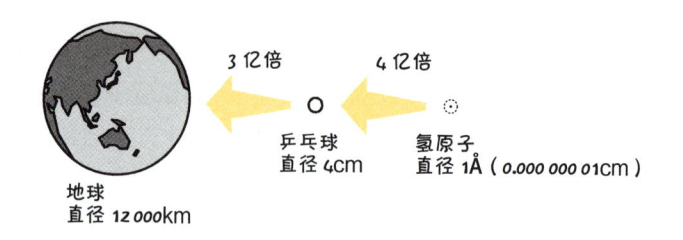

地球
直径 12 000km

3亿倍　　4亿倍

乒乓球
直径 4cm

氢原子
直径 1Å（0.000 000 01cm）

原　子

　　传统意义上，原子被认为是物质不可再分的最小单位。然而，随着科学的进步，人们发现**原子本身也由更小的粒子组成**，因此它已不再是绝对意义上的最小单位。不过，如果进一步分割原子，其所具有的元素性质就会丧失。因此，就保持元素性质而言，原子依然是**最小的粒子**。

原子的结构

　　原子由原子核和环绕原子核运动的电子组成。电子带负电荷，原子核则由带正电荷的质子和不带电荷的中子构成。一个原子的质子数与电子数相等，因此**原子整体呈电中性**。中子在原子核中起到类似**黏合剂的作用**，减小质子间的静电排斥力，从而稳定原子核结构。

第15讲 质子（电子）数量决定了原子的性质

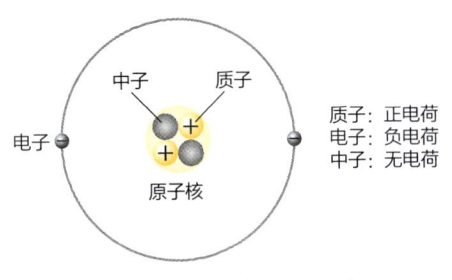

质子：正电荷
电子：负电荷
中子：无电荷

▲ 原子的结构（氦的例子）

原子序数

决定原子性质的根本因素是质子的数量，这一数目被称为"**原子序数**"。不同原子序数对应不同的元素。

原子序数	元 素	原子序数	元 素
1	H（氢）	11	Na（钠）
2	He（氦）	12	Mg（镁）
3	Li（锂）	13	Al（铝）
4	Be（铍）	14	Si（硅）
5	B（硼）	15	P（磷）
6	C（碳）	16	S（硫）
7	N（氮）	17	Cl（氯）
8	O（氧）	18	Ar（氩）
9	F（氟）	19	K（钾）
10	Ne（氖）	20	Ca（钙）

分 子

多个原子通过化学键结合，形成**分子**。分子作为物质的基本单位，体现出特定的物理和化学性质。分子的组成原子数量与空间排列决定了它的性质和功能。金属、碳和硫等物质并不以分子形式存在，而是由大量原子以晶格或其他结构聚集形成。

第 16 讲 电子移动形成电流

神奇的电 /// ☑自由电子 ☑正与负 ☑电流的方向

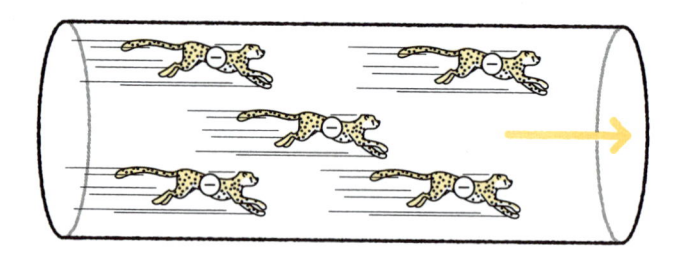

自由电子

电子围绕原子核在一定的轨道上运动。由于电子带有负电荷，会受到原子核正电荷的吸引，通常不会离开原子的外部轨道。

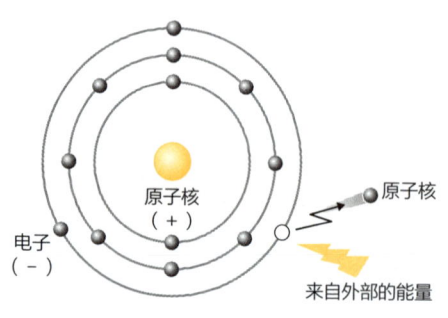

原子核（+）
电子（-）
原子核
来自外部的能量

▲ 原子的结构（铝的例子）

第 16 讲 电子移动形成电流

然而，最外层的电子距离原子核较远，受到的**吸引力较弱**。从外部施加热能、光能等能量时，这些最外层电子便可脱离原子，变成能够自由移动的"自由电子"。金属中的自由电子较多，这使其具有良好的导电性。**电流的本质就是自由电子在导体中有序流动**。

电流与电子的移动

例如，用铜线连接灯泡和电池时，通路形成，灯泡会发光。这时，按照约定俗成的"电流方向"，电流从电池的正极流向负极。而实际上，带负电荷的电子在电场作用下，会被正极吸引，从电池的负极移动到正极。

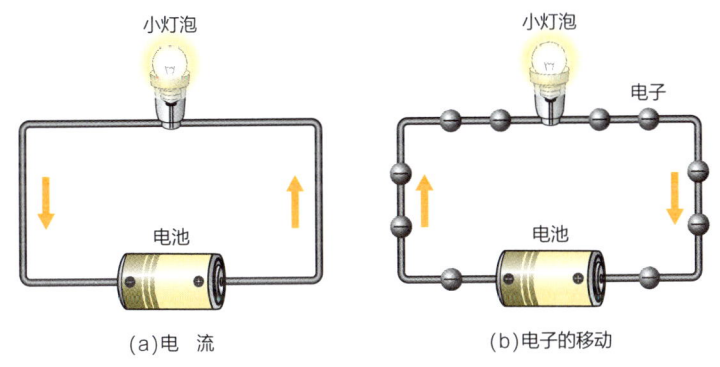

(a) 电　流　　　　(b) 电子的移动

▲ 电流与电子的移动

电流方向的由来

电流的方向与电子移动的实际方向是相反的，这源于电流的概念早于电子的发现。最初人们并不知道是什么在流动，仅规定某物从正极流向负极。当电子被发现后，虽然人们明确了电流实际是电子移动形成的，但由于沿用已久且利于规范，电流方向的定义仍然沿用原来的规定。

第 17 讲　导体与绝缘体

神奇的电 ///　　　☑电线　☑电阻　☑绝缘破坏

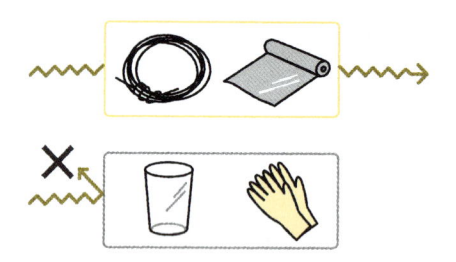

导　体

铜和铝等广泛用于电线的材料被称为"**导体**"。导体中含有大量自由电子。施加电压时，这些自由电子能够在材料内部移动，从而形成电流。

按导电性能由高到低排序，导体的主要金属依次为银、铜、金、铝、锌、镍、铁。

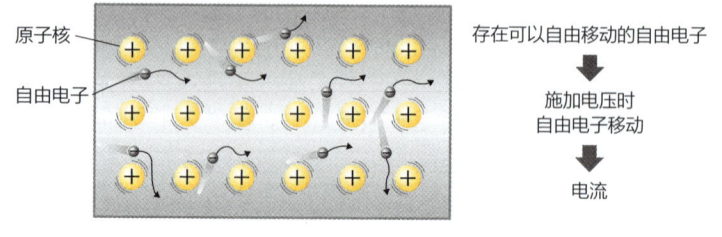

原子核
自由电子

存在可以自由移动的自由电子
↓
施加电压时
自由电子移动
↓
电流

▲ 导　体

电阻

自由电子在导体中运动时，会与导体内部的原子发生碰撞。原子的存在阻碍了电子的自由移动，形成"**电阻**"。

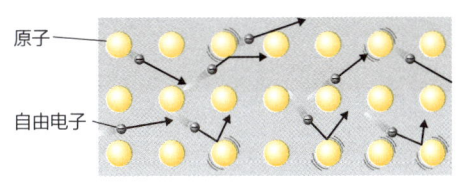

▲ 电 阻

绝缘体

绝缘体的电子与原子核结合非常紧密，电子只能绕原子核运动，无法脱离成为自由电子。因此，绝缘体内部几乎没有自由电子存在，电流无法流动。玻璃和橡胶是典型的绝缘体。此外，塑料、木材、油等也是常见的绝缘体，其内部电子同样难以自由移动。

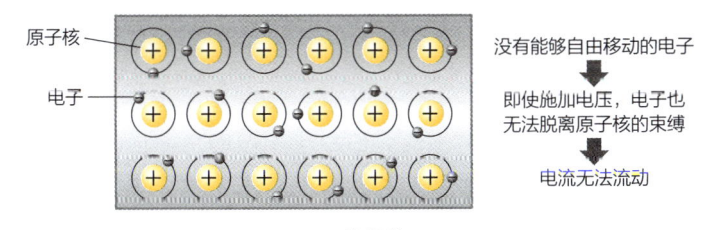

没有能够自由移动的电子
即使施加电压，电子也无法脱离原子核的束缚
电流无法流动

▲ 绝缘体

通常情况下，绝缘体中的电子被牢固地束缚在原子核周围，无法成为自由电子，因此电流很难流过。但是，绝缘体并非绝对不导电，当外加电压达到一定程度时，部分电子会获得足够的能量，从原子核脱离并开始迁移，导致电流通过。这种现象被称为"**绝缘破坏**"，绝缘体此时就会失去其绝缘特性。

第 18 讲　解构输电的电线

神奇的电 ///　　　　☑绝缘层　☑电缆　☑输电线

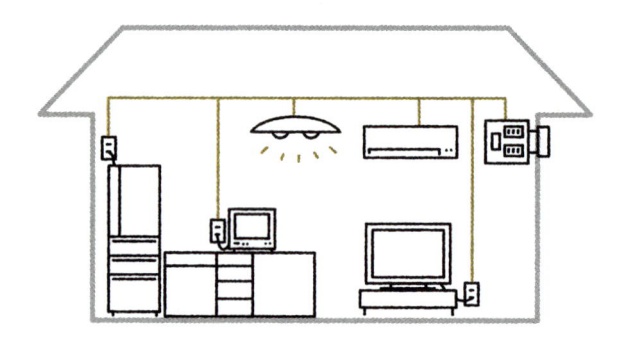

电　线

　　电流的流动离不开电线。但电线不仅要具备良好的导电性能，还必须能确保使用安全。因此，标准电线由两部分组成：内部的**导体（芯线）**，通常采用铜或铝等电阻小、性价比高的金属；包覆其外的**绝缘层**，常见材料为聚氯乙烯（PVC）或氟树脂等优良绝缘体。

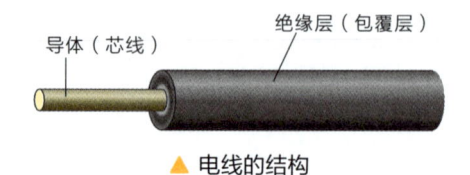

▲ 电线的结构

第 18 讲 解构输电的电线

电　缆

电缆在普通电线的基础上，外部进一步增加了一层绝缘包覆。这一层被称为"**护套**"（或外护层），主要作用是保护内部绝缘层免受机械损伤和环境影响。由于护套的存在，电缆在安全性和耐久性方面通常优于普通电线。

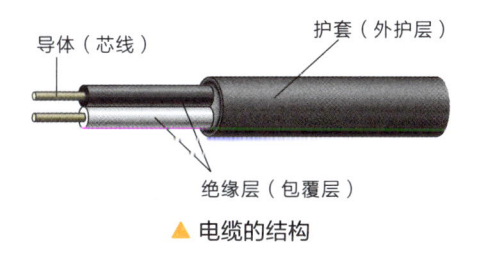

▲ 电缆的结构

输电线

输电线常用于远距离、大功率的电力传输，其工作电压往往极高，可达数十万伏。在这种情况下，如果采用较厚的绝缘层，不仅会增加施工难度，也会导致成本大幅提升。同时，大型输电线多架设在远离居民区的区域，人身接触的风险较低。因此，实际工程中高压输电线普遍采用裸导线，即无绝缘层的金属线。此时，绝缘的功能主要依赖周围空气，自然空气成为电力系统的"绝缘层"。

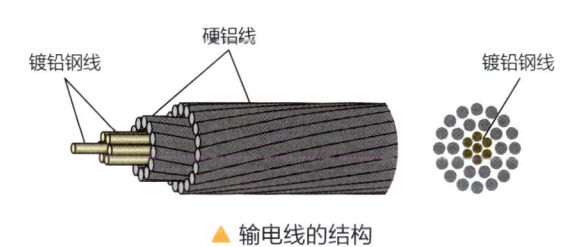

▲ 输电线的结构

039

专栏2　能自行发电的电鳗

人类通过复杂的工程技术产生电能,而电鳗无须借助外力,却能瞬间发电。那么,电鳗究竟是如何实现自身发电的呢?

实际上,**几乎所有生物在神经和肌肉活动过程中都会产生微弱的生物电信号**。电鳗正是利用这种原理,通过体内高度特化的生物结构——发电器官来产生显著的电压。电鳗的发电器官由大量肌肉细胞演化而来的电细胞构成,这些细胞以板状形式密集排列并串联,可以瞬间产生高达400~800V的电压。

除了能够释放高压电流用于捕食和防御天敌,电鳗还能发出低压电信号(20~30V),用于感知周围环境并精确定位猎物,功能类似于生物电定位系统。电鳗可根据行为需求灵活控制电压类型和放电方式,实现不同的生理功能。

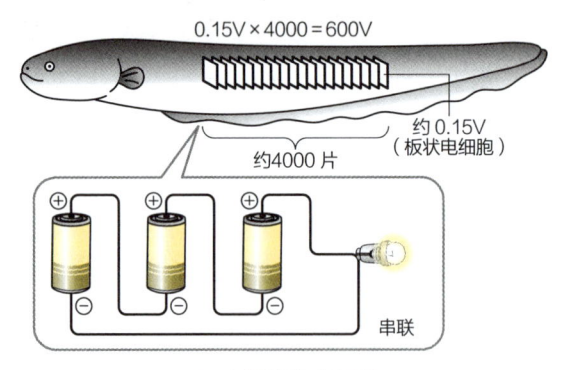

▲ 电鳗的发电原理

为了避免自身被电流所伤,电鳗体内的神经系统对发电器官具有精准的控制能力,同时其皮肤和发电器官之间存在大量低导电性组织(如脂肪和结缔组织),在一定程度上起到电绝缘作用。

需要注意的是,当电鳗处于受到惊扰、兴奋或攻击状态时,往往会放电。因此,即使在野外发现电鳗,也应避免触碰或刺激它,以防被电击。

第 2 章 电路的定义与作用

第 19 讲 停在高压线上的鸟会触电吗?

电路 ///　　　☑配电线　☑输电线　☑触电

电线的种类

电线大致可以分为**配电线**和**输电线**。

配电线有高压线(6600V)和低压线(100V 和 200V)之分,一般是用绝缘体包覆导体的**绝缘电线**。**触电是指电流流过身体,对神经或肌肉等造成损害**。因此,如果鸟停在不导电的绝缘电线上,**由于电流无法通过它们的身体,它们不会触电**。

输电线是电压极高的特高压线(22 000 V 以上),而且是没有绝缘层的裸线。那么,鸟碰到输电线会触电吗?

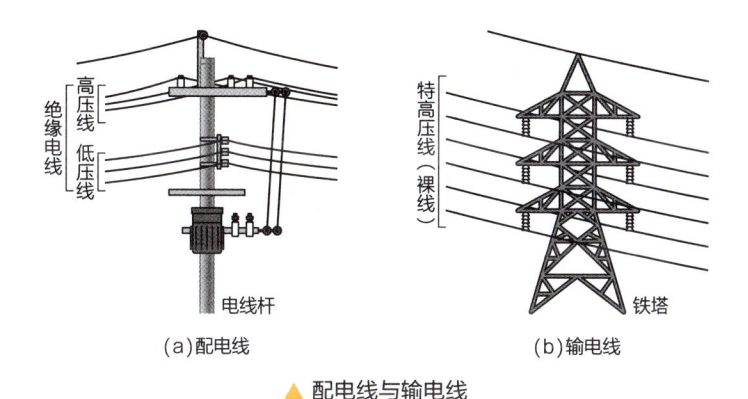

第 19 讲　停在高压线上的鸟会触电吗？

(a) 配电线　　　　　(b) 输电线

▲ 配电线与输电线

输电线

当鸟停在一根电线上时，由于没有电流回路，所以电流不会流过鸟的身体，不会发生触电。然而，如果它展开翅膀碰到另一根电线，或者双脚分别踩在两根电线上，电流就会流过鸟的身体。也就是说，只要没有形成电流<u>回路</u>，电流就不会流动。因此，无论电线电压多高，只要没有电流流过身体，就不会触电。

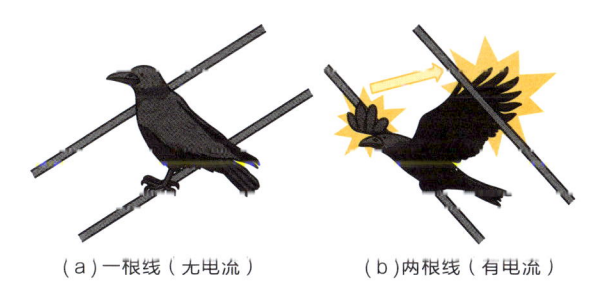

(a) 一根线（无电流）　　　　(b) 两根线（有电流）

▲ 输电线之间的电流回路

顺便一提，这同样适用于人类。如果只悬挂在一根电线上，就不会触电；如果同时接触两根电线，或者在手碰到电线的同时脚又接触到电线杆，就会发生触电。同样地，风筝缠绕在电线上也会引发触电事故。这是因为电流会通过线或人体流向地面。

043

第 20 讲 电路图专用符号

电路 /// ☑电路图 ☑电路符号 ☑实物接线图

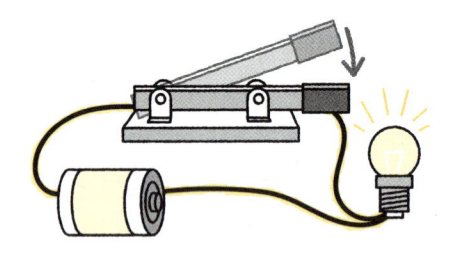

电路图的概念

要使灯泡点亮或电动机旋转，必须有电流流过。这种电流流通的路径就是**电路**。绘制电路时，一种常见方法是画出各元件的实际形状，并用线条表示元件之间的连接，这种图被称为**实物接线图**。实物接线图易于理解，但如果是复杂电路，接线大量交叉，就会变得混乱、不易辨认。

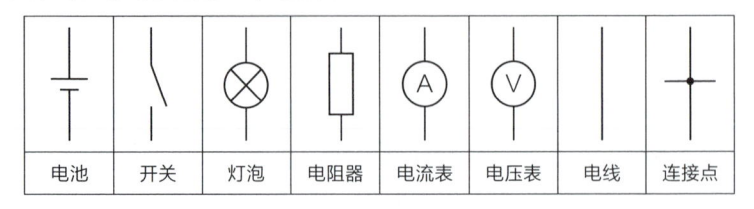

电池	开关	灯泡	电阻器	电流表	电压表	电线	连接点

▲ 电路符号

为了解决这一问题，工程实践中常用统一规范的电路符号来

第 20 讲　电路图专用符号

简化表示各种元件和连接关系，形成**电路图**。常用电路符号如电池、灯泡、开关、导线等，均有国际标准。

电路图的基本组成要素

- **电源**：如电池等，负责提供电能。
- **导线**：如电线，用于传导电流。
- **负载**：如灯泡等，用于消耗电能。

此外，根据实际需求，还会连接开关、仪表等其他元件。

电路图的绘制规则

将实物接线图转换为电路图，就会得到简化表示。

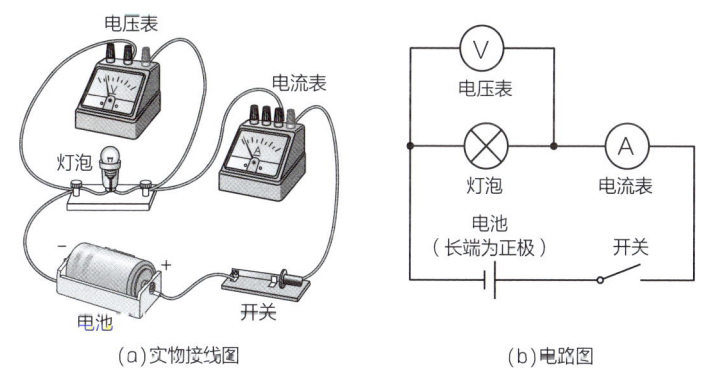

(a) 实物接线图　　　　(b) 电路图

▲ 电　路

绘制电路图应遵循以下规范。

- 导线用直线表示，并且导线的转角应为直角。
- 电池、灯泡等元件应绘制在直线段上，不能放在转角处。
- 当导线相互交叉且实现电气连接时，在交点处绘制实心黑点以示连接。

第21讲 电压究竟是什么？

电路 /// ☑电压 ☑电动势 ☑电池

电压

在电路中，电压促使电子从电势较高的一端流向电势较低的一端，形成**电流**。如图 (a) 所示，从高处的水桶放水时，水压和水流都远大于低处水桶。对于电路，如图 (b) 所示，**串联更多的电池能提供更高的电压，使电流增大，灯泡更亮。**

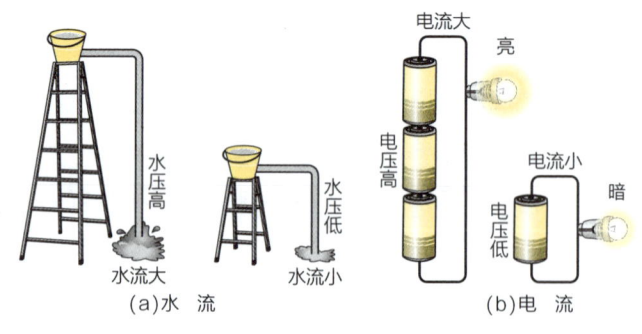

▲ 水压和电压

第 21 讲 电压究竟是什么?

在电学中，与"电压"类似的概念还有"电位"。电位表示的是某一点相对于参考点的电势高低。由于电位是**相对量**，因此如果参考点（通常选择地电位，即"零电位"）发生变化，同一点的电位值也会随之改变。

相比之下，电压是指两个点之间的电势差——也称为电位差。电压是一个绝对物理量，不依赖电位参考点的选择。

电动势

电动势是维持电流的能力，它代表电源将其他形式的能量（如化学能、机械能或光能）转化为电能的本领。因此，从本质上讲，电动势反映的是电源向电路提供能量的能力，而不是电压本身。电动势的常见类型有以下几种。

- **化学电动势**：由化学反应提供的电动势，如电池中通过氧化还原反应形成的电压。
- **感应电动势**：因导体在磁场中运动，或磁通量随时间变化而在闭合回路中产生，典型应用如发电机和变压器。
- **光电动势**：当光照射到某些半导体材料（如光伏材料）上时，因光子激发而产生的电动势，如太阳能电池。
- **热电动势**：由于不同材料或同一材料的不同部分之间存在温度差，产生的电动势，应用于热电偶和温度传感器中。

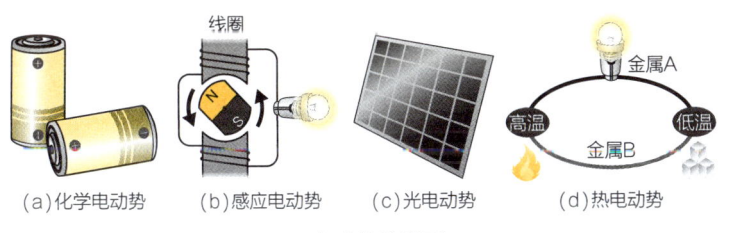

(a) 化学电动势　(b) 感应电动势　(c) 光电动势　(d) 热电动势

▲ 电动势的类型

047

第 22 讲 如雷贯耳的欧姆定律

电路 ///　　　　　☑电阻　☑横截面积　☑欧姆定律

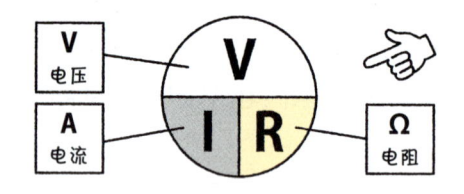

什么是电阻？

电阻是衡量电流（即电子）在导体中流动难易程度的物理量，通常用字母 R 表示，单位为欧姆（Ω）。

如果导体 A 的电阻为 100Ω，而导体 B 的电阻为 200Ω，则导体 B 对电流的阻碍作用更大。也就是说，电阻越大，电流通过越困难。**电阻在电流控制方面有着重要作用**。

影响电阻大小的因素

① 材料性质：不同材料由于**原子密集度**不同，电子在某些材料中运动较为顺畅，在某些材料中则易受阻碍。例如，金属的电阻远小于橡胶和玻璃。

② **温度**：温度升高时，材料中原子的热振动增强，电子的流动受到更大阻碍，电阻随之增大（大多数金属如此）。

③ **长度**：导体越长，电子需要经过的距离越远，遇到的阻碍越多，电阻越大。

④ **横截面积**：导体横截面积越小，电子流动的"通道"越窄，电流越难通过，电阻也越大。

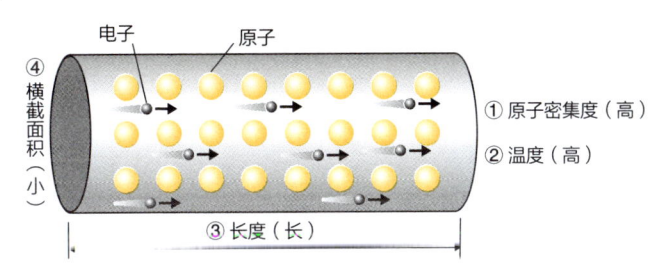

▲ 电阻变大的条件

欧姆定律

欧姆定律揭示了电路中电流、电压和电阻三者之间的定量关系。具体地说，电流与电压成正比，与电阻成反比。该定律由德国物理学家乔治·西蒙·欧姆首次发现，因此被称为"欧姆定律"。其基本表达式为

$$电流(A) = \frac{电压(V)}{电阻(\Omega)}$$

通过公式变换，还可以得到：

$$电阻(\Omega) = \frac{电压(V)}{电流(A)}$$

$$电压(V) = 电流(A) \times 电阻(\Omega)$$

也就是说，如果已知电压、电流、电阻中的任意两个量，就可以计算出第三个量。

第23讲 串联与并联

电路 /// ☑连接方式 ☑合成电阻

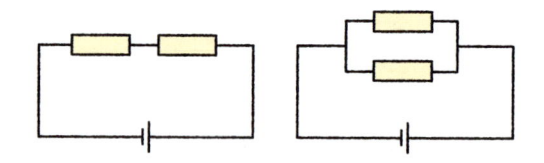

串 联

在电路中，元件的常见连接方式有串联和并联两种。**串联**是指将元件一个接一个首尾相接；**并联**则是将元件并排，使其两端直接连接在一起。

下图展示了两个电阻串联的电路。电流依次流经 R_1 和 R_2 这两个电阻，因此合成电阻为 6Ω+4Ω=10Ω。另外，由于只有一条电流路径，所以电路中任意一点的电流都相同。

根据欧姆定律，整个电路的电流为

$$\text{电流 (A)} = \frac{\text{电压 (V)}}{\text{电阻 (Ω)}} = \frac{12}{10} = 1.2 \text{(A)}$$

每个电阻两端的电压可按下式计算：

R_1 两端电压 (V)= 电流 (A)× 电阻 (Ω)=1.2×6=7.2(V)

R_2 两端电压 (V)= 电流 (A)× 电阻 (Ω)=1.2×4=4.8(V)

第 23 讲 串联与并联

可见，串联电路中电流在各元件处始终一致，而电压会根据电阻大小分配，电阻越大，分得的电压越高。

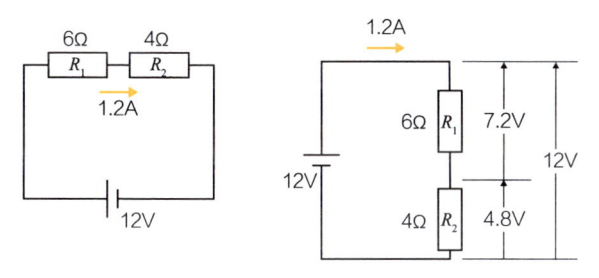

▲ 串联电路

并 联

下图展示了两个电阻**并联**的电路。由于 R_1 和 R_2 上施加的电压是相同的，因此可以根据欧姆定律计算流经每个电阻的电流。

$$\text{流经 } R_1 \text{ 的电流 (A)} = \frac{\text{电压 (V)}}{\text{电阻 (Ω)}} = \frac{12}{6} = 2\text{(A)}$$

$$\text{流经 } R_2 \text{ 的电流 (A)} = \frac{\text{电压 (V)}}{\text{电阻 (Ω)}} = \frac{12}{4} = 3\text{(A)}$$

并联电路中每个并联元件两端的电压都相同，而分流到每个元件的电流取决于其电阻大小，电阻越小，分得的电流越大。

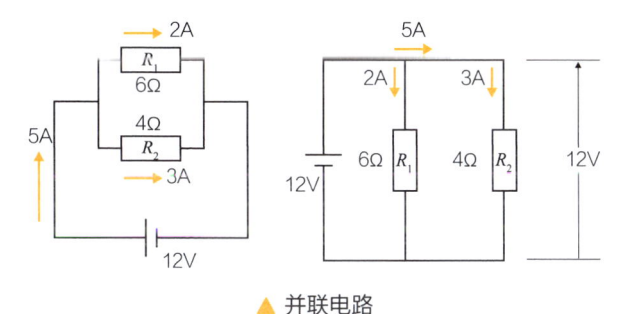

▲ 并联电路

051

第24讲 电流战争：爱迪生与特斯拉

交流电路 /// ☑电流形式 ☑输电方式 ☑设备

爱迪生 VS 特斯拉

直流电与交流电

直流电　　　交流电

▲ 直流电与交流电

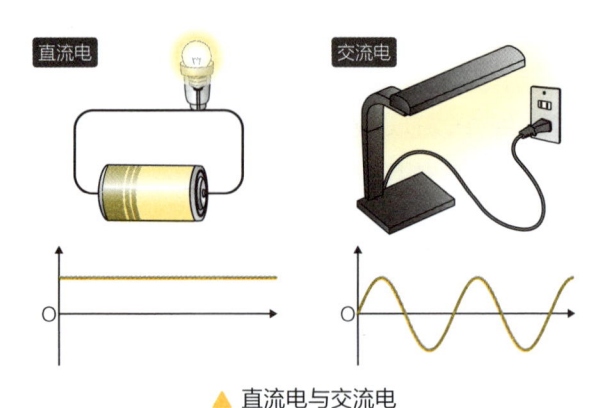

直流电的电流始终沿一个方向稳定流动，电压也保持**恒定**。典型如干电池或蓄电池输出的电流，用于照明、便携设备等的场

第 24 讲　电流战争：爱迪生与特斯拉

合。由于电流方向不变，使用直流电的设备（如手电筒）在接入电源时必须严格区分正负极。

交流电的电流和电压的大小与方向以一定频率**周期性变化**。我们日常家庭中使用的市电就是交流电，如中国采用的是 50Hz、220V 的交流电。由于交流电周期性反向，因此插头可以不分方向地插入插座而正常工作。

电流战争

19 世纪 80 年代末，在美国围绕电力输送采用直流系统还是交流系统展开了一场激烈的技术与商业竞争，这被称为"**电流战争**"。

战争的主角是两位科学家兼工程师：**托马斯·爱迪生**（Thomas Edison）和**尼古拉·特斯拉**（Nikola Tesla）。爱迪生主张使用直流系统，并在电灯、电动机等应用上建立了初步的基础设施；而特斯拉则提出并实践了基于交流系统的发电与远距离输电方案。

两方阵营不惜通过媒体炒作、公众演示甚至政治游说来争夺市场主导权。但最终，1893 年芝加哥世界博览会的大型供电系统采用了特斯拉的交流方案，这成为交流电最终胜出的决定性转折点。

直流"复活"

虽然交流电自此成为全球主流，但直流电并未被彻底淘汰。近年来，随着技术的发展与能源结构的转变，直流电逐渐"复兴"：太阳能电池、燃料电池等分布式发电设备本质上产生的是直流电；各类终端设备如 LED 照明、笔记本电脑、智能手机、锂离子电池等，均以内部直流供电为主。因此，130 多年前曾被认为"败北"的直流电，今天正以新的形式被重新审视和应用。

第25讲 电压随时变化的交流电

交流电路 ///　　☑瞬时值　☑平均值　☑有效值

瞬时值

直流电的电压和电流大小以及方向在时间上保持恒定,因此可以用一个固定的数值来描述,如100V 或 8A。

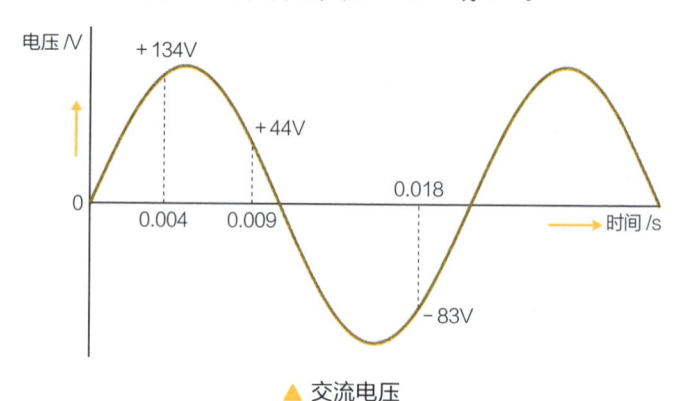

▲ 交流电压

第 25 讲 电压随时变化的交流电

与此不同，交流电的电压和电流会随时间周期性变化。例如，在某一时刻（如 0.004s）可能是 +134V，在另一时刻（如 0.009s）是 +44V，再下一时刻（如 0.018s）可能为 -83V。这些随时间变化的瞬时数值被称为**瞬时值**。

平均值

对于周期性交流电，特别是正弦波，其在一个完整周期内的电压或电流的代数平均值为零。这是因为正半周期与负半周期的瞬时值大小相等、方向相反，会互相抵消。

因此，用这一**平均值**来表征交流电是不恰当的，因为结果为零，无法体现实际的能量或功率。

有效值

为了定量表示交流电的"有效作用"，我们引入了**有效值（RMS）** 的概念。有效值表示的是与某一交流电在热功率方面等效的直流电压或电流值，也是最常用的交流电定量指标。有了有效值，就可以像处理直流电一样使用欧姆定律、电功率公式等对交流电进行计算。

例如，日本家庭电网的额定电压为 100V（有效值），这意味着其交流电压与施加 100V 直流电压所产生的热功率相等。有效值为 100V 的正弦波交流电压，其最大瞬时值约为 ±141V。

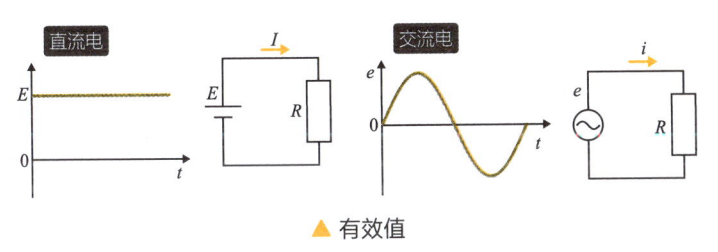

▲ 有效值

第 26 讲　阻碍电流的作用统称为阻抗

交流电路 ///　　☑欧姆定律　☑电阻　☑感抗　☑容抗

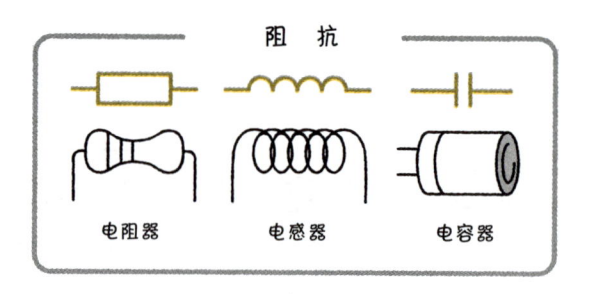

阻抗

电阻器　　电感器　　电容器

什么会阻碍电流？

根据欧姆定律，电阻越大，电流越小，即**电阻会阻碍电流的流动**。在直流电路中，这种阻碍主要来自电阻器。

然而，在交流电路中，除了电阻器，电感器和电容器也会阻碍电流的流动。这是因为交流电的电压和电流会随时间周期性变化，而电感器和电容器对这种变化具有"抵抗"作用。

- 电感器具有"反对电流变化"的特性，会对电流变化产生阻碍，这种现象被称为**感抗**。
- 电容器则具有"反对电压变化"的特性，也会对电流产生一定程度的抑制，这种现象被称为**容抗**。

第 26 讲　阻碍电流的作用统称为阻抗

电阻、感抗和容抗统称为阻抗（用符号 Z 表示），其单位与电阻相同，均为欧姆（Ω）。

不同于电阻，感抗和容抗的大小会随电流频率的变化而变化，这意味着阻抗在交流电路中通常是频率相关的变量。

感　抗

感抗由电感元件产生，其大小与频率成正比。**频率越高，感抗越大**，电流越难流过电感器。

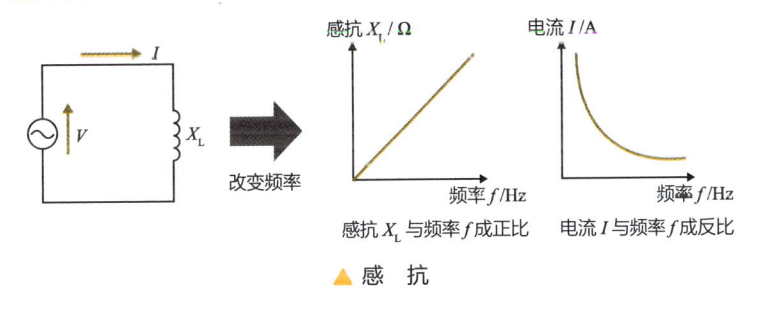

感抗 X_L 与频率 f 成正比

电流 I 与频率 f 成反比

▲ 感　抗

容　抗

容抗由电容元件产生，其大小与频率成反比。**频率越高，容抗越小**，电流越容易流过电容器。

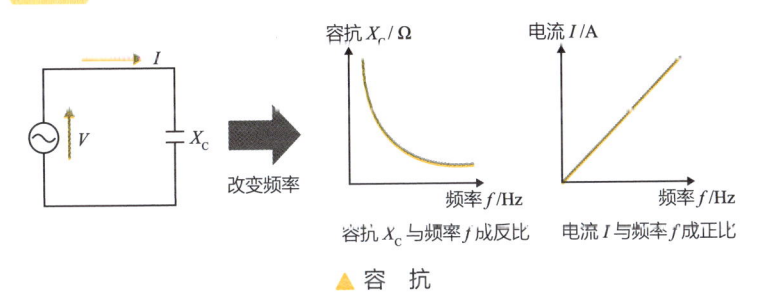

容抗 X_C 与频率 f 成反比

电流 I 与频率 f 成正比

▲ 容　抗

第27讲 在交流电路中，需要考虑相位差

交流电路 /// ☑相位 ☑波形 ☑角度

什么是相位？

在直流电路中，电压和电流不随时间变化，因此无须考虑时间上的差异。而在交流电路中，电压和电流会随时间周期性地变化。由于它们的波形可能不同步，即波峰或波谷并不同时出现，因此在分析时就必须引入"**相位**"这一概念。

"相位"指的是波形在时间轴上的偏移程度。如果电压波形与电流波形存在时间上的偏移，这种差异就称为"**相位差**"。

相位差用角度或弧度表示，一个完整的周期对应 $360°$ 或 2π rad。根据电压与电流波形的相对位置，常见的相位关系有三种：**相位相同**、**相位滞后**和**相位超前**。

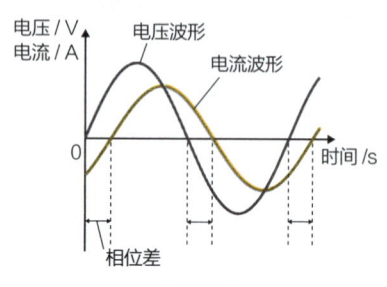

▲ 相位差

第 27 讲 在交流电路中,需要考虑相位差

相位相同

当电压和电流的波形完全同步——即波峰、波谷、零交越点在时间轴上完全重合时,相位差为 0,被称为**相位相同**(简称同相)。**在纯电阻电路中,电压与电流的相位相同。**

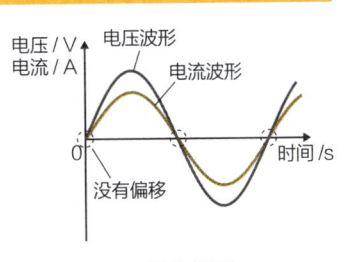

▲ 相位相同

相位滞后

电流波形相对于电压波形向右偏移(时间上滞后),被称为**相位滞后**。电流相位比电压滞后,相位差为正值。**在纯电感电路中,电流滞后电压 90°。**

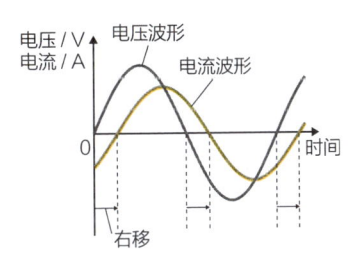

▲ 相位滞后

相位超前

电流波形相对于电压波形向左偏移(时间上超前),被称为**相位超前**。电流相位比电压超前,相位差为负值。**在纯电容电路中,电流超前电压 90°。**

实际电路中往往同时存在电阻、电感和电容,因此电压与电流的相位差通常不是正好的 0°、90° 或 -90°。

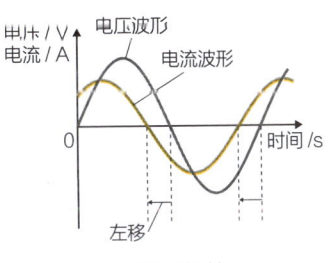

▲ 相位超前

专栏 3　电源插座的左右插孔是否有所不同？

将插头插入墙壁或地板上的电源插座，就可以为各种家用电器供电。如果以插线板引出，那么即便在隔壁房间也能使用电器设备。此外，同一个房间中多人同时使用计算机，也正是得益于插座供电的便利。

日式插座的左右插孔并不相同：左孔略长，右孔略短。以日本常见的 100V 单相两孔插座为例，左孔标准长度为 9mm，右孔标准长度为 7mm。

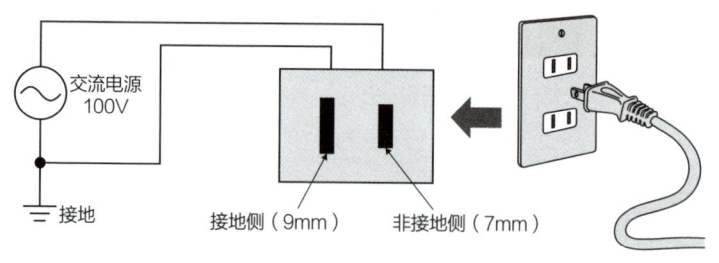

▲ 插　座

通常，长孔对应中性线（接地侧），而右侧较短的孔则对应火线（非接地侧）。这样设计的目的是提高用电安全性：若意外将手指插入左孔，理论上不会触电，因为其电位接近于地电位；而右侧（火线）插孔电压较高，直接接触将会触电。

不过，必须强调：在实际安装过程中可能出现接线错误导致火线与中性线位置互换的情况，因此任何插孔都不能随意触摸。

接地是指通过导线将电气设备的金属外壳或电路部分与大地相连，以备设备绝缘损坏时，迅速将漏电引入地下，避免人体触电。

第 3 章 日常生活用电

第 28 讲 用空气烧水：热泵的本质

发热作用 ///   ☑热运动 ☑绝对零度 ☑热泵

什么是热？

所有物质都由**原子**或**分子**构成，分子由原子通过化学键结合而成。从宏观角度看，这些微粒似乎静止不动，但在微观世界里，它们始终处于不规则的运动之中。这种运动被称为**热运动**，是热能的根本来源。

当热运动增强时，系统的内能增大，表现为温度升高；反之，当热运动减弱时，内能减小，温度随之下降。**如果热运动完全停止，物体将不再具有热能**，这种状态被称为**绝对零度**。在摄氏温标下，绝对零度为 **−273.15 ℃**，是温度可以达到的最低极限。

第 28 讲 用空气烧水：热泵的本质

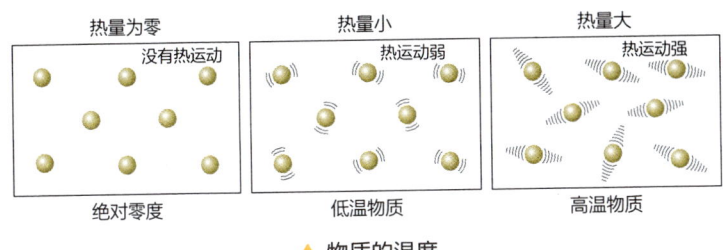

▲ 物质的温度

如何"提取"热量？

只要物体温度高于绝对零度，它就含有热能。现代科技已经开发出多种设备，能够从环境中提取热量并加以利用。一个典型的例子是，**从空气中提取热量来加热水**。乍一听这似乎不可思议——毕竟空气温度比热水低——但通过一种名为"**热泵**"的技术，这在现实中是完全可行的。

热泵的原理类似于水泵：水泵可以将水从低处抽到高处，热泵则能将热量从低温热源"搬运"到高温热源。热泵系统通过压缩和蒸发冷媒（制冷剂），在热力学循环中从空气、水或地下提取热量，并将其传递给所需的介质，如水或室内空气。

如今，热泵技术已广泛应用于供暖和热水（如家用空气源热水器）、空调与制冷（包括冷藏系统）、工业热回收与节能。

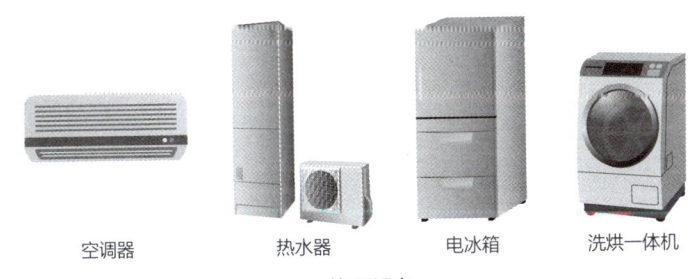

▲ 热泵设备

063

第 29 讲 通过电子加速与碰撞产生热量

发热作用 /// ☑焦耳热 ☑电阻加热 ☑电热设备

焦耳热

当在导体两端连接电源并施加电压时，电路中就会形成电场，**自由电子**开始在导体中定向移动，形成电流。

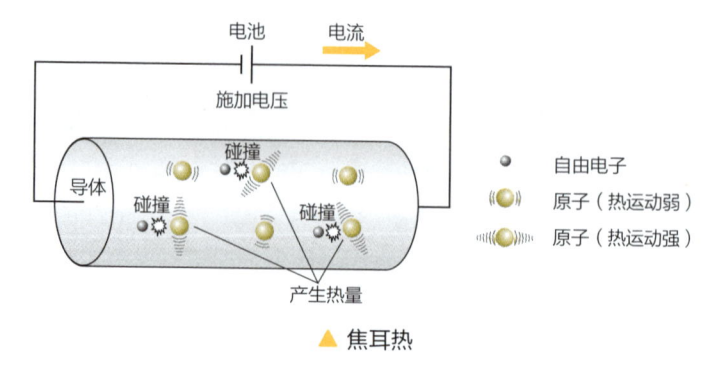

电池　电流
施加电压
导体　碰撞　产生热量

● 自由电子
● 原子（热运动弱）
● 原子（热运动强）

▲ 焦耳热

第29讲　通过电子加速与碰撞产生热量

然而，自由电子在导体内部流动的过程中会频繁地与金属晶格中的原子发生**非弹性碰撞**。这些碰撞会将部分电子动能转移给晶格原子，造成晶格的**热振动**增强，从而使导体的**温度升高**。

这种由于电流通过导体而引起的温度升高现象，被称为**焦耳热**，是电能转化为热能的一种形式。

焦耳定律

电阻为 R（Ω）的导体连接电压为 V（V）的电源，在时间 t（s）内，电流 I（A）所产生的**焦耳热** Q（J）可用下式计算：

$$Q = VIt$$

这是**焦耳定律**的基本形式。结合欧姆定律 $V = IR$，我们还可以推导出以下等效形式：

$$Q = I^2Rt \quad \text{或} \quad Q = \frac{V^2}{R}t$$

这些公式共同揭示：焦耳热的大小与电流的平方、电阻的大小和通电时间成正比。

关于热量（能量）的单位，以前常用 cal（卡路里），但现在普遍使用国际单位 J（焦耳）。

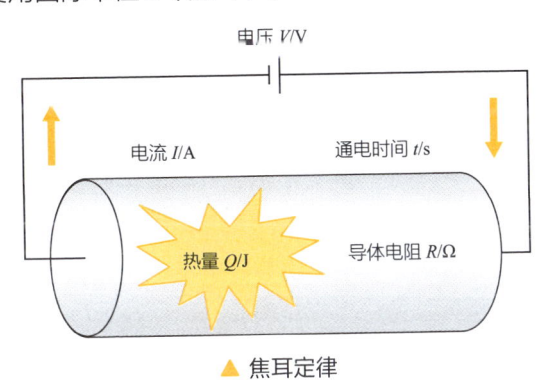

▲ 焦耳定律

电阻加热

利用焦耳热进行加热的方式被称为**电阻加热**。由于其结构简单、控制方便、响应快，电阻加热被广泛应用于各种家用与工业电热设备中。

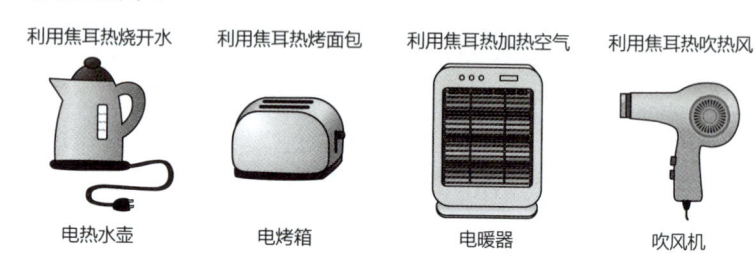

利用焦耳热烧开水　利用焦耳热烤面包　利用焦耳热加热空气　利用焦耳热吹热风

电热水壶　　　电烤箱　　　　电暖器　　　　吹风机

▲ 电阻加热

电热设备

典型的电热设备通常包括以下几部分。

- **发热元件**：负责将电能转化为热能，常用材料为高电阻、高耐温、易成型的金属合金，如镍铬合金丝、铁铬铝合金丝。
- **温控单元**：用于调节和稳定设备工作温度，常见元件包括热敏电阻、温控器或热电偶。
- **安全装置**：如过温保护器、保险丝、漏电保护开关等，用于防止过热或电气事故。

电热水壶、电饭煲等需要电热元件与液体直接接触的设备，通常使用**浸入式加热器**。这类电热元件的**电热丝**被包裹在**绝缘氧化镁粉末**中，并封装于金属管内；整体结构经过密封处理，确保安全、耐压、耐水；管体可根据需求弯折成各种形状，以适配不同的加热场景。

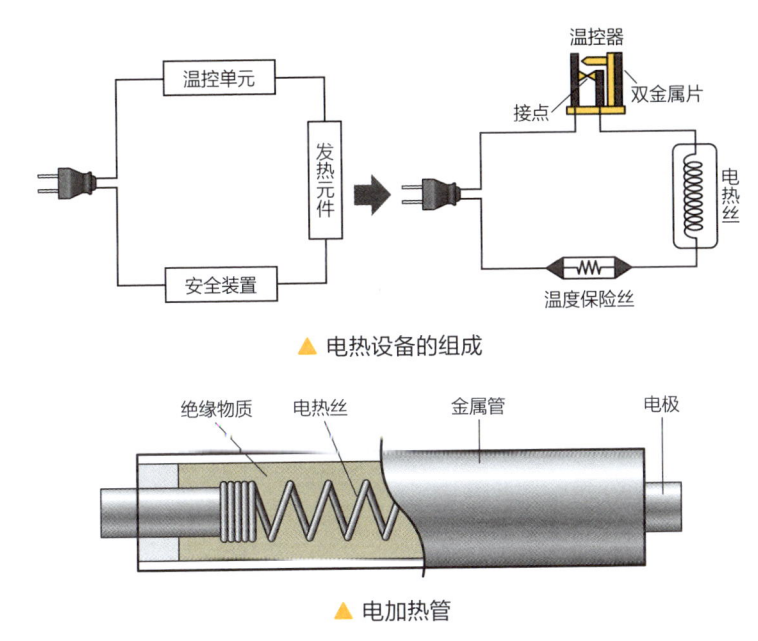

第29讲 通过电子加速与碰撞产生热量

▲ 电热设备的组成

▲ 电加热管

温控单元的作用是根据实际温度自动调节电路的通断，以维持设定的加热温度，防止过热。常用的**温控器（热敏开关）**利用双金属片或热敏电阻等检测温度变化，自动切换触点的通断状态。

安全装置用于防止设备异常工作或故障导致过热，引发火灾或烫伤等安全事故。例如，**温度保险丝**在设备过热（环境温度超过其额定值）时熔断，以切断电路；电暖器底部一般会安装**倾倒开关**，当设备倾倒时通过机械触发切断电路，防止持续加热导致危险。

另外，电热水壶等小家电常使用**磁吸式电源插头**，以提升使用安全性。当电源线被不小心拉扯时，插头会自动从壶体分离，避免整壶热水翻倒而造成烫伤。

067

第30讲 电流与光的关系

发热作用 ///　　☑电磁波　☑热辐射　☑白炽灯

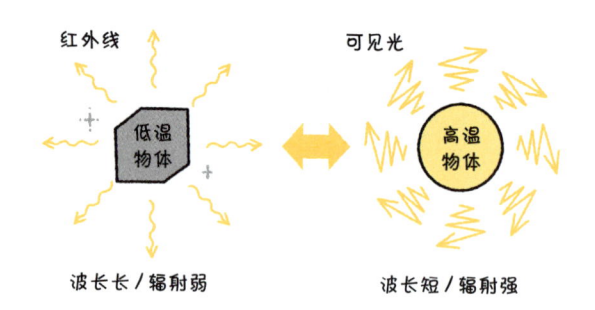

红外线　　　　　可见光

低温物体　⇔　高温物体

波长长/辐射弱　　波长短/辐射强

热与光

　　电流流过导体时，导体内部的自由电子与晶格发生碰撞，转化为热能，导致导体升温。随着温度升高，物质中的带电粒子（主要是电子）加剧振动，会产生**电磁波**。当温度较低时，这些电磁波主要集中在红外波段，肉眼不可见；而当温度足够高时，便进入可见光波段，从而发出我们能看到的光。

　　这种因温度升高而引发的电磁波辐射现象，被称为**热辐射**。

热辐射

　　当物体温度升高至约500℃（773K）时，其辐射仍主要集中在红外线波段，因此我们无法直接用肉眼看到发光。但随着温度的进一步升高，辐射的波长逐渐缩短，进入可见光范围（波长为 0.4~0.8μm），发光现象变得明显。

热辐射的强度与温度的四次方成正比（斯特藩－玻尔兹曼定律），因此温度每升高一部分，辐射光强都会显著增加。

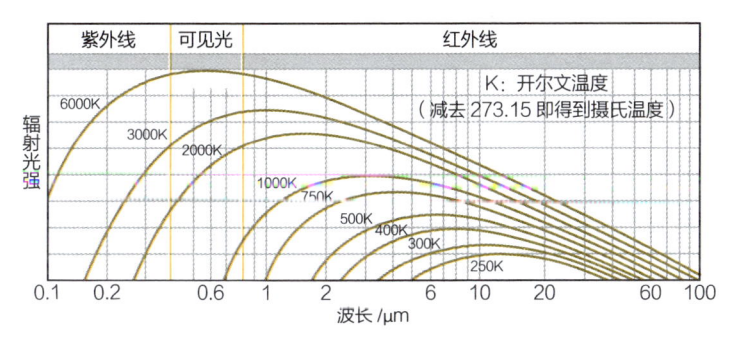

▲ 温度、波长和辐射光强的关系

白炽灯

白炽灯就是一种利用热辐射原理发光的照明设备。它的结构比较简单，主要由**钨丝**、**玻壳**和**灯头**组成。

当电流流过钨丝时，由于其电阻较大，会迅速升温至 2000~3000℃。在这一高温下，钨丝白炽化并发出强烈的可见光。

白炽灯的发光过程并不是电能直接转化为光能，而是**电能→热能→光能**的转化过程。因此，其发光效率较低，仅 10% 左右的电能被转化为可见光，其余大部分以热的形式散失，使玻壳变得非常热。

▲ 白炽灯的结构

第 31 讲 磁铁内含大量磁偶极子

磁性作用 /// ☑永久磁铁　☑磁偶极子　☑钕磁体

磁偶极子模型

条形磁铁通常只能在两端吸引回形针,这可能让人误以为只有两端具有磁性。然而,若将条形磁铁从中间折断(或分割),就会发现断开的两端分别形成新的 **N 极和 S 极**,同样可以吸引回形针。

这是因为磁铁的磁性并不仅仅集中在两端,而是源自其内部结构。实际上,磁铁内部由大量**磁偶极子**(原子磁矩)规则排列而成。每个磁偶极子本质上可以看作一个微型的"条形磁铁",拥有自己的 N 极和 S 极。

当这些磁偶极子排列方向一致时,它们的磁场会叠加形成整体磁场,使整个磁体表现出明显的 N 极和 S 极。磁铁两端由于缺

第31讲 磁铁内含大量磁偶极子

少相邻磁偶极子抵消,因此磁场最为明显;而在中部区域,相邻磁偶极子之间的磁力相互抵消,外部不容易感知到磁性。

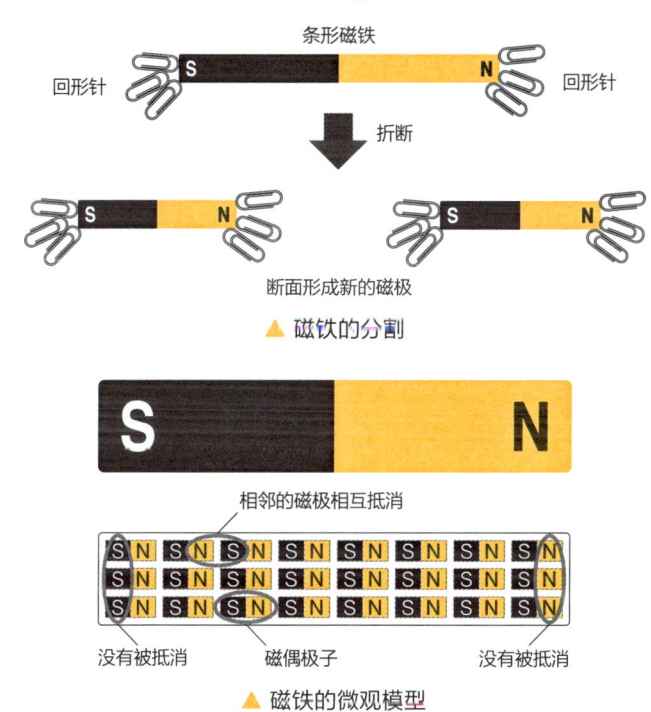

▲ 磁铁的分割

▲ 磁铁的微观模型

钕磁体

磁铁可分为两类:一类是**电磁铁**,通过电流产生磁场,断电即失去磁性;另一类是**永久磁铁**,经磁化处理后能够长期保持磁性,不依赖外加电流。

在所有永久磁铁中,钕磁体是目前磁性能最强的类型之一。即使是直径 1cm 的小型钕磁体,其吸附力也强大得令人难以徒手分离。

第32讲 认识电磁铁

磁的作用 ///   ☑安培右手定则   ☑铁芯   ☑磁化

电磁铁的基本原理

当电流流过线圈时,线圈周围会产生磁场,其方向遵循**安培右手定则**:右手握住线圈,四指指向电流方向,则大拇指所指方向就是磁场的方向。这样,线圈的两端便表现出类似永久磁铁的 N 极和 S 极。

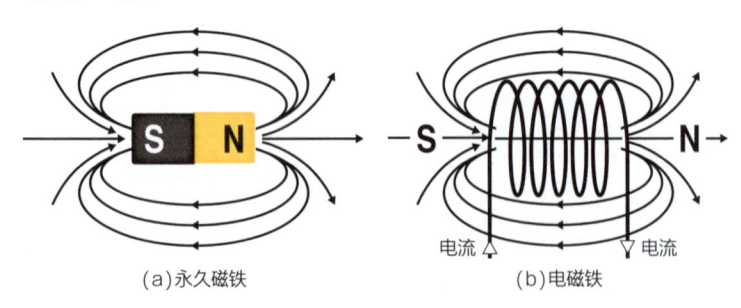

(a) 永久磁铁　　(b) 电磁铁

▲ 永久磁铁和电磁铁

第 32 讲　认识电磁铁

电磁铁的磁场强度主要取决于**电流大小**和**线圈匝数**，电流越大、线圈越多，磁场越强。

铁芯的作用

在实际应用中，电磁铁往往不仅仅是线圈，还包含一个**铁芯**。添加铁芯的主要目的是增大磁场强度。

铁芯内部的原子磁矩（磁偶极子）在自然状态下，方向是杂乱无章的，整体上不呈现磁性。当电流流过线圈产生磁场时，铁芯内部的磁矩会在外加磁场的作用下重新排列，趋于一致，从而使整个铁芯成为一个大磁铁。

这种现象被称为**磁化**，它能极大增大电磁铁的磁场强度。与空芯线圈相比，加入铁芯后磁力可增强几十倍甚至上百倍。

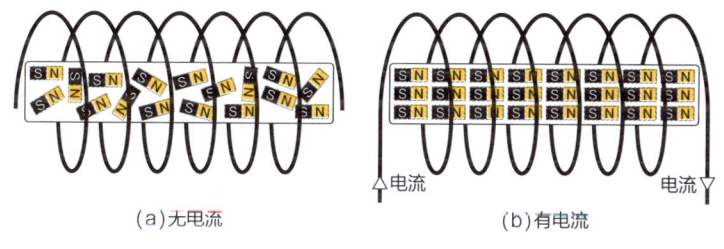

(a) 无电流　　(b) 有电流

▲ 带铁芯的电磁铁

电磁铁的特点

- 磁力可控：通过控制电流的通断、大小，可以精确调节磁力的有无和强弱。
- 极性可逆：改变电流方向即可改变 N 极和 S 极位置。
- 适合动态系统：电磁铁适合与电路协同工作，便于实现自动化控制。

第33讲 利用电磁铁发声的扬声器

磁的作用 ///   ☑线圈　☑扬声器原理　☑动态型

扬声器的工作原理

当电流流过线圈时,线圈会表现出电磁铁的特性,其两端分别形成 N 极和 S 极。如果改变电流的方向,磁极也会随之互换。

在线圈附近放置一个永久磁铁,根据电流方向的不同,电磁力将表现为**吸引力**或**排斥力**。

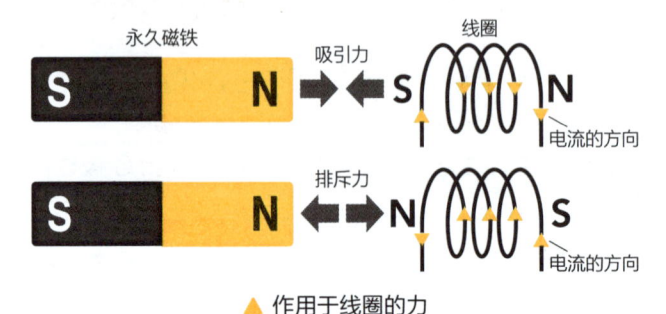

▲ 作用于线圈的力

第 33 讲　利用电磁铁发声的扬声器

扬声器的电流信号来源于声音信号，这些信号流经扬声器的线圈，使线圈成为不断变换极性（S 极和 N 极）的**电磁铁**。

由于线圈位于永久磁铁的磁场中，电磁铁极性变化所产生的作用力（吸引力或排斥力）会随电信号变化，使线圈快速振动。

线圈与振动膜连接在一起，因此当线圈振动时，振膜也随之振动，从而推动周围空气形成**声波**，人耳便能感知为声音。这正是扬声器将电信号"还原"为声音的原理。

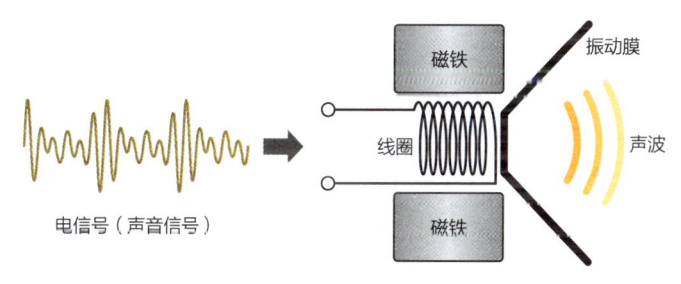

▲ 扬声器的工作原理

扬声器的结构

下图展示的是一种常见的扬声器结构。该扬声器通过固定磁铁并让线圈上下振动来发声，属于**动圈式扬声器**。

动圈式扬声器因其结构简单、响应迅速、音质表现良好，广泛应用于手机、电视机、专业音响等各类音频设备中。

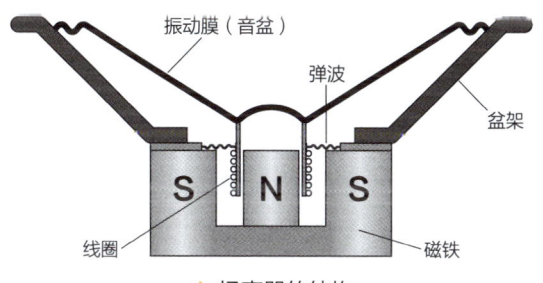

▲ 扬声器的结构

075

第 34 讲 磁共振成像是如何实现的?

磁的作用 ///　　☑超导磁体　☑氢原子　☑磁共振成像

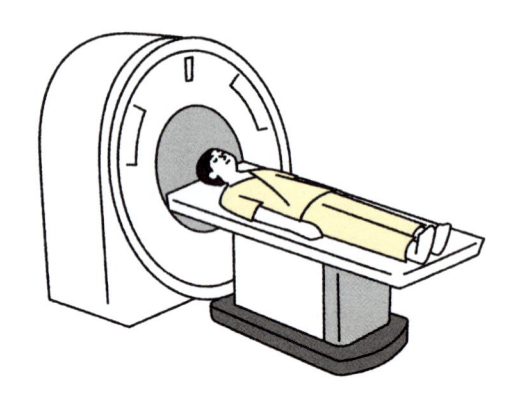

磁共振成像（MRI）

MRI 是"magnetic resonance imaging"（磁共振成像）的缩写，也被称为"核磁共振成像"。这是一种无须使用电离辐射（如 X 射线）、无创、无痛的医学影像技术，可用于观察人体内部的器官、组织和血管状况。

MRI 设备的圆筒状结构主要由强磁体构成。为了使人体内部的原子核对外部磁场产生响应，所施加的磁场必须足够强。因此，MRI 所用的磁体一般为永磁体（如钕磁体）或超导磁体，其中应用最广的是**超导磁体**。

第 34 讲　磁共振成像是如何实现的?

超导磁体的工作原理

所谓"**超导**",是指某些特定材料在极低温(通常低于 -200℃)下,电阻突然降为零的现象。由此类材料制成的线圈(即超导线圈)通电时,由于电阻为零,电流可以在回路中几乎无限期持续流动,从而形成稳定而强大的磁场。超导磁体不仅用于 MRI,也广泛应用于磁浮列车(如日本中央新干线)的磁悬浮系统中。

为什么选择氢原子?

构成氢原子的原子核本身具有磁偶极子的特性。然而,在正常状态下,这些磁偶极子的方向各不相同,呈无序排列。

MRI 正是利用了氢原子核的磁特性。之所以选择氢原子,是因为人体约 60% 的质量源自水分,而水分子中含有的氢原子在人体内分布广泛且数量丰富。

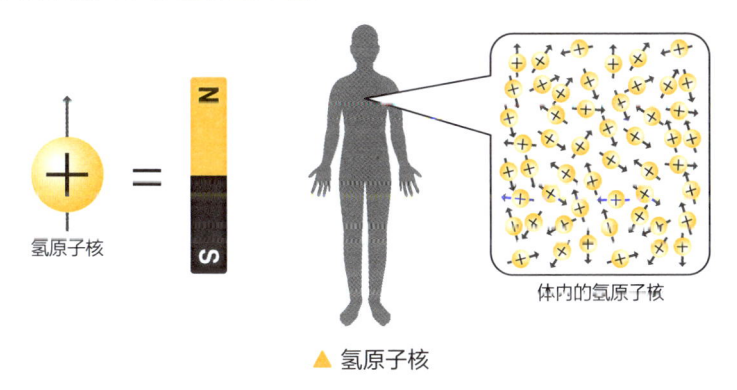

▲ 氢原子核

磁共振成像的原理

当人体置于 MRI 设备产生的强磁场中时,体内氢原子核的

077

方向会发生趋同，部分会沿磁场方向重新排列，形成一种类似指南针在地球磁场中指向北方的有序状态。

在这一状态下，向人体发射特定频率的射频脉冲（即 RF 波），氢原子核会吸收能量，发生"共振"，其方向暂时偏离磁场方向。这一现象被称为**核磁共振**。

当射频脉冲停止后，氢原子核会逐渐恢复原先的排列方向（称为"**弛豫**"），同时释放出原先吸收的能量，并以微弱的电磁波形式发射出来。设备通过射频接收线圈接收这些信号，并将其转换为图像数据。

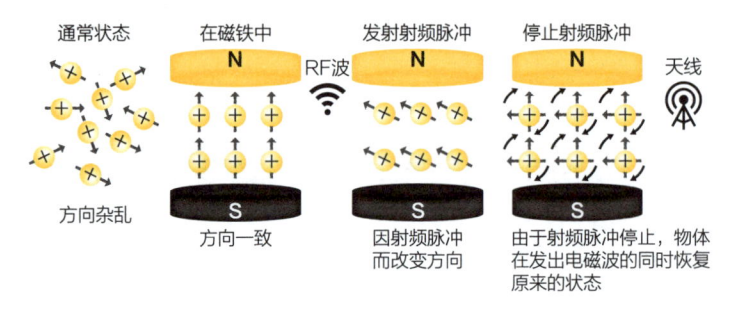

通常状态	在磁铁中	发射射频脉冲	停止射频脉冲
方向杂乱	方向一致	因射频脉冲而改变方向	由于射频脉冲停止，物体在发出电磁波的同时恢复原来的状态

▲ MRI 的原理

不同组织中的氢原子处于不同的化学环境（如水与脂肪结合方式不同），其释放信号的**时序**和**强度**也会不同。通过对信号强弱和恢复时间的分析，就可以分辨出各种组织结构。

最终，MRI 系统将这些信号转化为图像。图像中不同灰度级（从白到黑）代表不同的信号强度，医生可据此判断是否存在异常组织或病变。

要注意的是，MRI 使用的是强磁场，检查过程中禁止携带或佩戴任何金属物品，如首饰、钥匙、助听器等。同时，应避免将电子设备（如手表、手机、磁卡）带入扫描区域，以免设备受磁场干扰而损坏或影响图像质量。

专栏4　超导：电阻突变为零的奇妙现象

超导是指某些特定材料被冷却至极低温时，其电阻突然变为零的状态。这意味着电流可以在材料中持续不断地流动，而不会产生能量损耗。

在 MRI 设备中，为了产生所需的强磁场，通常采用一种具备超导性能的合金材料——铌钛（Nb-Ti）合金。

超导体的电阻并不是逐渐减小，而是在某一特定温度——临界温度（T_c）以下瞬间跌为零。对于 Nb-Ti 合金，其临界温度约为 9.2K，即 -263.8℃。

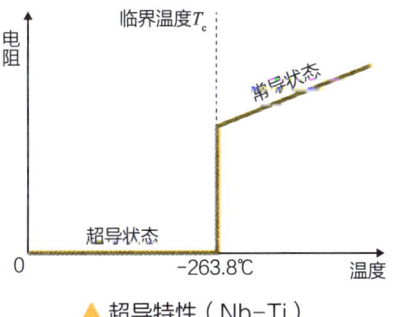

▲ 超导特性（Nb-Ti）

然而，并非所有金属都具有超导性。例如，铜等常见金属，即便被冷却至接近绝对零度，目前也未观察到超导现象。

为了让 Nb-Ti 维持在超导状态，必须将其冷却至临界温度以下。为此，MRI 设备使用液氦作为冷却介质。液氦的沸点为 -269°C（4.2K），是目前常用冷却剂中温度最低的一种，能有效将超导磁体保持在工作温度。

但超导状态非常敏感，一旦受到机械冲击、电磁干扰，或局部温度升高超过临界温度，就会发生所谓的"**失超**"现象。这时，原本零电阻的超导体突然恢复电阻，电流产生焦耳热，迅速升温，同时液氦会大量气化。

需要特别注意的是，液氦气化后体积会迅速膨胀至原来的 700 倍左右，若不及时排出，有造成高压伤害或设备损坏的风险。

第 35 讲 "叛逆"的线圈

电与线圈 /// ☑电磁感应　☑感应电动势　☑感应电流

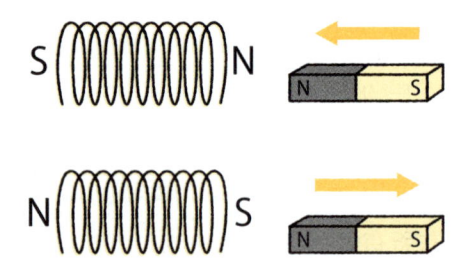

电磁感应现象

一个线圈与小灯泡串联连接。当你快速地将一块磁铁插入或抽出线圈时，灯泡会瞬间亮起，然后又熄灭。

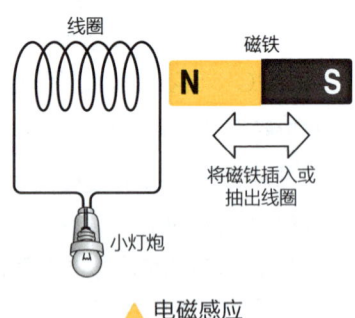

这是因为，在磁铁移动的过程中，线圈中产生了电压，并有电流流过。这种现象被称为"**电磁感应**"。在这个过程中产生的电压被称为**感应电动势**，产生的电流被称为**感应电流**。

那么，电磁感应到底是怎么发生的呢？

▲ 电磁感应

第35讲 "叛逆"的线圈

它的本质在于——穿过线圈的磁通量发生了变化。

所以，仅仅把磁铁静止地放在线圈中，是不会产生感应电流的；必须**移动磁铁**，或者让线圈运动，才能改变磁通量，进而产生感应电动势。

感应电流的方向：线圈的"叛逆"性质

下图显示了两种情况：磁铁靠近线圈和磁铁远离线圈。在这两种情况下，线圈中感应电流的方向是相反的。为什么？

原因就在于线圈具有一种"叛逆"的性质——它总是想方设法阻止磁通量的变化。这正是著名的**楞次定律**所描述的内容。

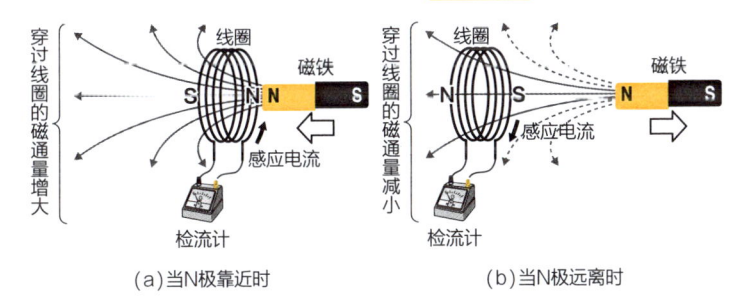

(a)当N极靠近时　　　(b)当N极远离时

▲ 感应电流的方向

例如，在上图 (a) 中，磁铁的 N 极靠近线圈，穿过线圈的**磁通量**增大。为了对抗这种增大，线圈中产生的感应电流会使线圈自身变成一个小电磁铁——它的右端表现出 N 极特性，与磁铁的 N 极相斥，从而试图阻止磁通量增大。

在上图 (b) 中，磁铁的 N 极远离线圈，穿过线圈的磁通量正在减小。此时，线圈"想办法"增大磁通量，于是产生的感应电流会使线圈的右端表现出 S 极特性，与磁铁的 N 极相吸，从而减缓磁通量减小的速度。这时，感应电流的方向与图 (a) 中相反。

第36讲 怎样提高线圈产生的电压?

电与线圈 /// ☑法拉第定律 ☑磁通量 ☑感应电动势

法拉第定律:感应电动势从哪里来?

当磁铁靠近或远离线圈时,线圈中会产生感应电动势。这种现象遵循一个重要规律——**法拉第电磁感应定律**:线圈中产生的**感应电动势**的大小,与穿过线圈的磁通量变化量成正比,与磁通量变化所用的时间成反比。以单匝线圈为例:

$$\varepsilon = \frac{\Delta \Phi}{\Delta t}$$

式中,ε 为感应电动势(V);$\Delta \Phi$ 为磁通量变化量(Wb);Δt 是变化所用的时间(s)。

如下图所示,假设有一个线圈,最开始穿过它的磁通量为 Φ。然后,将一块磁铁迅速靠近线圈,穿过线圈的磁通量在 Δt 内增加到 $\Phi+\Delta \Phi$。这时,线圈中就会产生一个感应电动势,其大小与 $\Delta \Phi$ 成正比,与所用时间 Δt 成反比。

第36讲 怎样提高线圈产生的电压?

▲ 法拉第定律

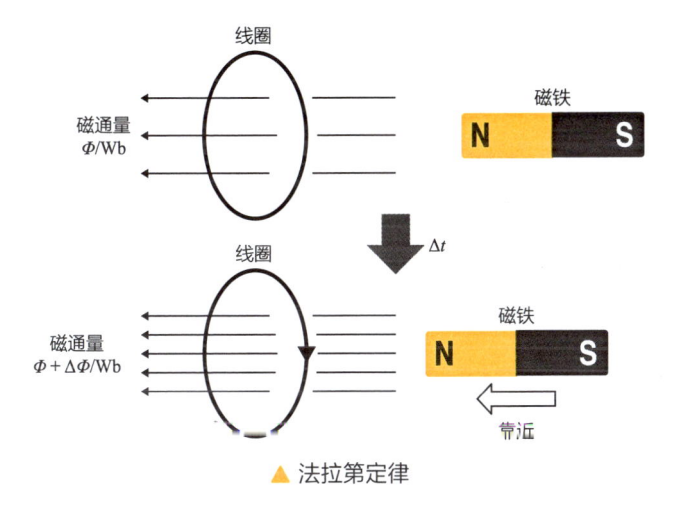

如何增强感应电动势?

- **增大线圈的匝数 N**:每多一匝,就相当于多一个单匝线圈,共同叠加感应电动势,最终是 N 倍增强。
- **使用强磁铁**:磁通量 Φ 增大,变化量 $\Delta \Phi$ 更大。
- **更快地移动磁铁**:相同变化量用更短时间完成,Δt 变小,感应电动势变大。

对于 N 匝线圈:

$$\varepsilon = N \cdot \frac{\Delta \Psi}{\Delta t}$$

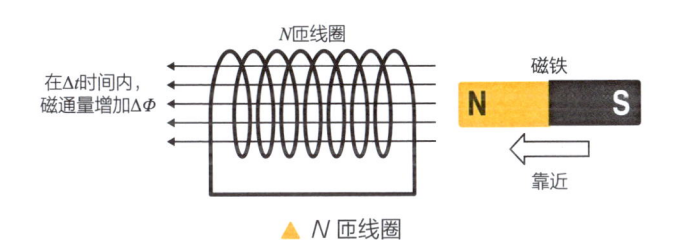

▲ N 匝线圈

第 37 讲 通过线圈和磁铁理解发电机原理

电与线圈 /// ☑感应电流 ☑交流发电机 ☑三相交流发电机

发电机是如何发电的？

当磁铁靠近或远离线圈时，线圈中就会产生感应电压和**感应电流**。如下图所示，在靠近线圈的地方不断旋转磁铁，就会持续改变线圈中的磁通量，从而持续产生感应电压和感应电流。这个电流可以用来点亮灯泡或驱动电动机。

其实，就算不转动磁铁，把线圈转动起来，只要磁通量在变化，也同样会产生感应电流。这就是电磁感应的对称性：转动磁铁和转动线圈，效果是一样的。

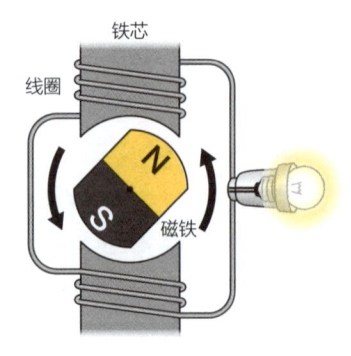

▲ 发电的原理

什么是交流发电机？

下图 (a) 展示了**交流发电机**的基本原理：一块磁铁围绕中心旋转，磁铁的 N 极和 S 极不断改变对线圈的方向。由于磁铁在旋转，线圈中穿过的磁通量也随时间变化，不断产生感应电压。

当磁铁的位置使磁力线垂直穿过线圈时，磁通量最大，电压也最大。当磁铁旋转到另一个方向时，磁力线反向穿过线圈，电压方向也反转。当磁铁处于水平位置时，几乎没有磁通量穿过线圈，电压为零。这种电压的变化呈正弦波形，如下图 (b) 所示，这就是我们平时所说的交流电（AC）。

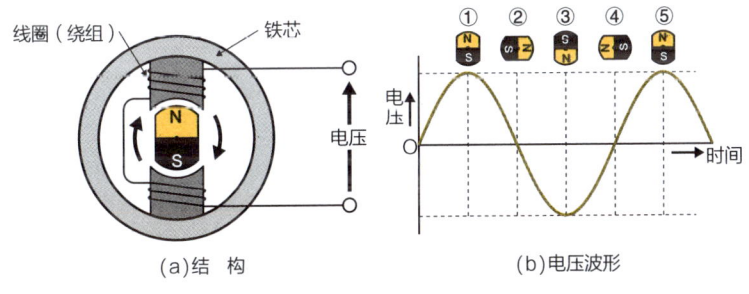

(a) 结构　　(b) 电压波形

▲ 交流发电机的基本原理

为什么使用三相交流？

前面讲的是单相交流发电机，实际发电站大多使用**三相交流发电机**。

三相交流发电的原理是在一个发电机中放置三套彼此间隔 120° 的绕组，它们分别产生三相波形相同但相位不同的电压。

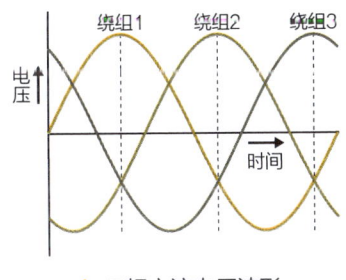

▲ 三相交流电压波形

第 38 讲 改变电压的变压器

电与线圈 /// ☑变压器　☑正弦波　☑匝数

变压器的基本结构

　　发电厂为了提高输电效率，通常会将电压升得很高（可能高达几万伏甚至几十万伏）。这种**高电压**不能直接供家庭或学校使用，否则会非常危险。因此，在入户之前，电压必须经过多次转换，而完成这一任务的正是**变压器**。变压器的基本结构如下。

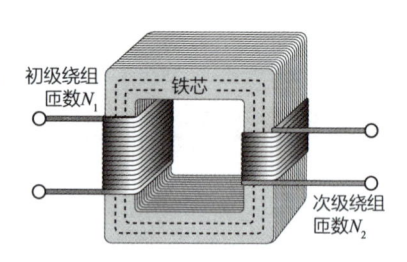

▲ 变压器的基本结构

（初级绕组匝数 N_1，铁芯，次级绕组匝数 N_2）

- **铁芯**：通常由一层层铁片叠成，用于让磁力线更集中地通过。
- **绕组**：分别绕在铁芯的两侧，一侧接电源，被称为"**一次**

绕组"或"**初级绕组**";另一侧接负载(如家用电器),被称为"**二次绕组**"或"**次级绕组**"。

变压器正是利用初级绕组和次级绕组之间的电磁感应来传递和转换电压的。

变压器的工作原理

当交流电通过初级绕组时,会在铁芯中产生一个随时间变化的**磁通量**。这个磁通量会穿过次级绕组,根据法拉第电磁感应定律,在次级绕组中产生感应电压,即感应电动势。

如果输入的是直流电,磁通量不会变化,次级绕组中不会产生感应电压,铁芯会变成电磁铁。

但如果输入的是交流电,电压会以正弦波的形式不断变化,磁通量也随之变化,次级绕组中会持续产生电压。

正弦波是一种规律变化的波形,就像海浪一样有起有落。波峰或波谷的高度叫"**振幅**";一个波的长度叫"**波长**";每秒出现的波的数量叫"**频率**",单位是赫兹(Hz)。

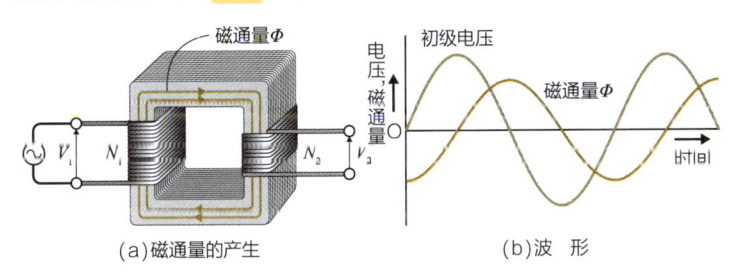

(a)磁通量的产生 (b)波 形

▲ 电压与磁通量

由于穿过初级绕组和次级绕组的磁通量同样,每匝线圈中感应出的电压是相同的。所以,次级绕组中产生的电压与匝数成正比,**改变初级绕组和次级绕组的匝数**,就可以**按匝数比转换电压**。

第 39 讲 电动机的旋转原理

电与线圈 /// ☑弗莱明左手定则　☑电磁力　☑电流·磁场·力

弗莱明左手定则

当带电粒子（如电子）在磁场中运动时，会受到磁场施加的力，即**电磁力**。电流是电子的定向移动，因此，**通有电流的导线在磁场中也会受到力的作用**。

电流、磁场和力三者之间的方向关系，可以用弗莱明左手定则确定。将左手的拇指、食指和中指互相垂直地伸展：食指指向磁场的方向（从北极指向南极），中指指向电流的方向（正电荷的运动方向），拇指则指向导体受力的方向。

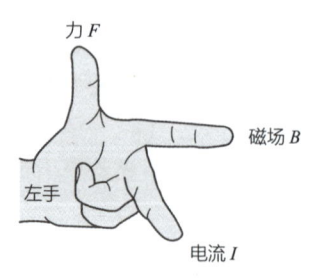

▲ 弗莱明左手定则

第 39 讲 电动机的旋转原理

该定则由英国物理学家约翰·安布罗斯·弗莱明提出，因此被称为**弗莱明左手定则**。

电动机的工作原理

电动机的旋转基于磁场与电流相互作用产生的电磁力。当电流通过位于磁场中的线圈时，线圈的不同部分会受到方向相反的力，从而产生转矩，使线圈旋转。

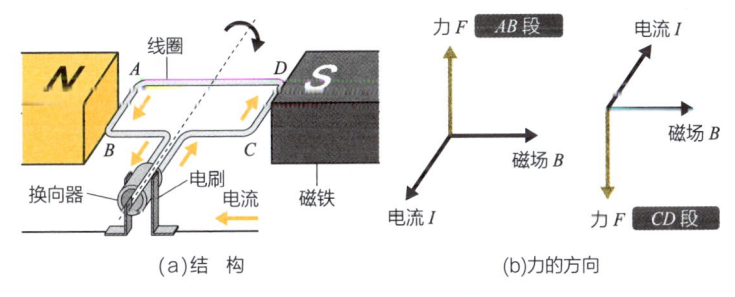

(a)结　构　　　　(b)力的方向

▲ 电动机的工作原理

在上图 (a) 中，假设磁场方向（食指指向）为从左向右，根据弗莱明左手定则，线圈 AB 段会受到向上的力，线圈 CD 段会受到向下的力。因此，线圈 ABCD 绕轴顺时针旋转。

旋转半圈后，原来的 AB 段移动到右侧，CD 段移动到左侧。此时，若电流方向不变，线圈将受到与之前相反的力，导致旋转方向改变，往复摆动。为了实现持续旋转，电动机采用**换向器**（整流子）和**电刷**，在每旋转半圈时自动改变电流方向，使线圈持续旋转。

此外，实际电动机通常使用多个线圈，并设计均匀分布的磁场，以确保旋转的平稳性和效率。

第 40 讲 气象雷达：利用电磁波观测天气

电磁波 /// ☑天线 ☑反射 ☑多普勒效应

气象雷达的基本原理

气象雷达通过天线发射电磁波（通常为微波），电磁波遇到

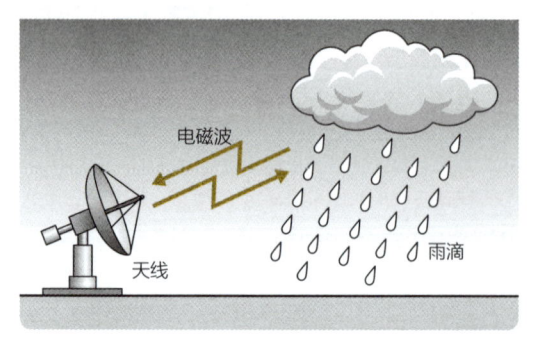

▲ 气象雷达

第40讲 气象雷达：利用电磁波观测天气

大气中的降水粒子（如雨滴、雪花或冰雹）时发生散射，其中一部分能量以**后向散射**的形式返回雷达接收器。雷达通过**分析这些回波信号的强度和到达时间，推算出降水的强度和距离**。

雷达的安装位置与探测范围

由于雷达波在大气中主要沿**直线传播**，地形和建筑物可能会阻挡雷达波的传播，形成探测盲区。因此，气象雷达通常安装在山顶、铁塔等**高处**，以扩大探测范围。

此外，地球的曲率和大气折射效应也会影响雷达波的传播路径，导致远距离探测时雷达波束升高，可能无法探测到低层降水。为此，雷达系统通常采用多仰角扫描策略，以获取不同高度层的大气信息。

多普勒气象雷达

多普勒气象雷达在传统雷达的基础上，利用**多普勒效应**测量降水粒子相对于雷达的径向速度。当降水粒子向雷达靠近时，回波频率变高；远离雷达时，回波频率变低。通过分析频率的变化，可以计算出降水粒子的运动速度，从而推断出风场结构、风速风向，识别强风、龙卷等灾害性天气。此外，多普勒雷达还可以通过速度-方位显示（VAD）等技术，获取不同高度层的风速和风向信息。

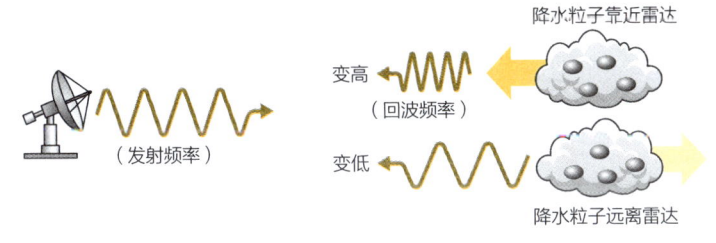

▲ 多普勒气象雷达

第 41 讲　各种各样的电磁波

电磁波 ///　　　　　　☑电与磁　☑电场　☑磁场

电与磁的相互关系

当电流通过线圈时，其周围会产生**磁场**；反之，在线圈附近移动磁铁时，磁场的变化会在导体中感应出**电流**。这表明电场和磁场之间存在相互依存的关系：变化的电场会产生磁场，变化的磁场也会产生电场。

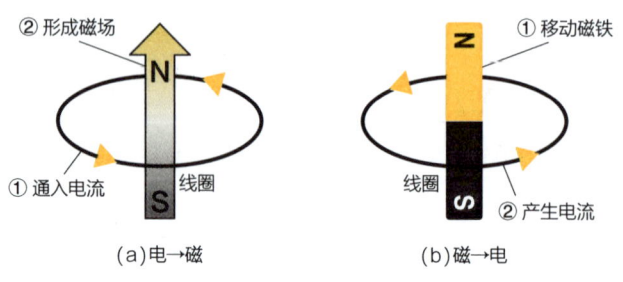

(a) 电→磁　　　(b) 磁→电

▲ 电与磁

电磁波的产生

在导线（如天线）中通入频率在数千赫兹以上的高频电流时，导线周围会产生变化的**磁场**。根据麦克斯韦方程组，变化的磁场会产生变化的电场，反过来，变化的电场又会产生变化的磁场。这种电场和磁场的相互作用不断进行，形成电磁波，并以光速（约 3×10^8 m/s）在空间中传播。

要注意的是，通常使用的 50Hz 或 60Hz 的低频电流虽然也会产生电磁波，但其频率较低，能量较小，辐射效率低，难以在自由空间中有效传播。

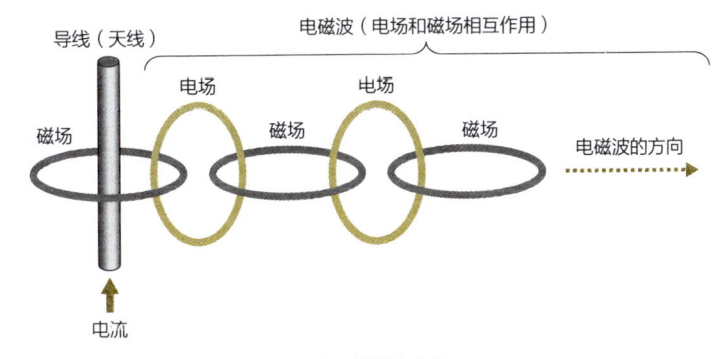

▲ 电磁波的产生

电磁波的性质

电磁波是一种横波，其电场、磁场和传播方向三者两两垂直。低频电磁波（如长波、短波）具有较长的波长，能够绕过山丘和建筑物等障碍物，传播距离较远，适用于远距离通信。高频电磁波（如微波、红外线、可见光）的波长较短，传播时容易被障碍物阻挡或反射，穿透力较弱，容易受到雨、雾等天气条件的影响，适用于近距离、高速的数据传输。

第42讲 收发电磁波的天线

电磁波 /// ☑电能 ☑高频电流 ☑频率

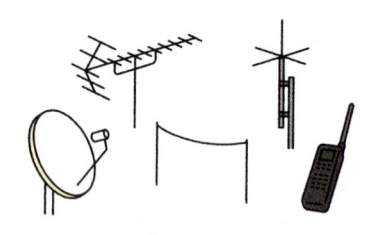

天线的基本功能

天线是用于**发射**和**接收**电磁波的装置。在发射过程中,天线将来自发射机的高频**电能**转换为电磁波并辐射到空间中;在接收过程中,天线接收空间中的电磁波并将其转换为电信号供接收机处理。由于电磁波的传播具有可逆性,良好的发射天线通常也具备良好的接收性能,许多天线都兼具发射和接收功能。

天线的工作原理

当**高频电流**通过发射天线时,根据麦克斯韦方程组,变化的电场会产生变化的磁场,反之亦然。这种电场和磁场的相互作用形成电磁波,并以光速在空间中传播。当电磁波到达接收天线时,变化的电磁场在天线中感应出交变电流,从而实现信号的接收。

第 42 讲　收发电磁波的天线

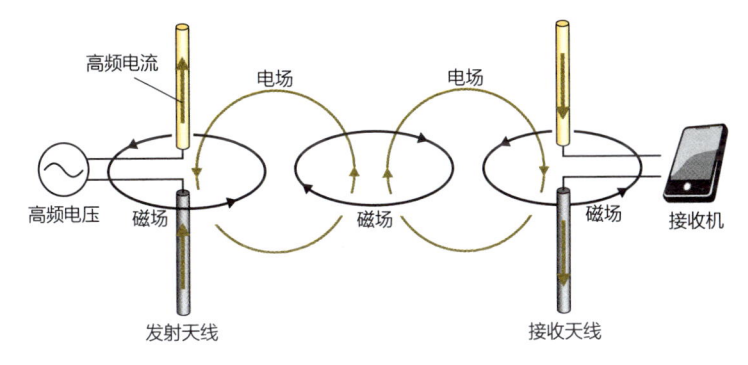

▲ 电磁波的传播

天线长度与波长的关系

天线的长度与其工作频率密切相关。为了实现高效的能量转换，**天线通常设计为与工作频率对应的波长成特定比例的长度**。

- 半波长天线：最常见的偶极子天线，其总长度约为工作波长的一半。
- 四分之一波长天线：常用于便携设备和车载系统，长度约为工作波长的四分之一。

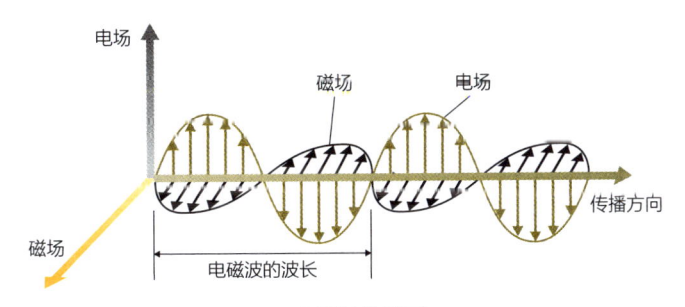

▲ 电磁波的波形

例如，频率为 300MHz 的信号，波长为 1m，因此半波长天线的长度约为 0.5m，四分之一波长天线的长度约为 0.25m。

第43讲 利用电磁波的卫星通信

电磁波 /// ☑中继站 ☑地面站 ☑轨道

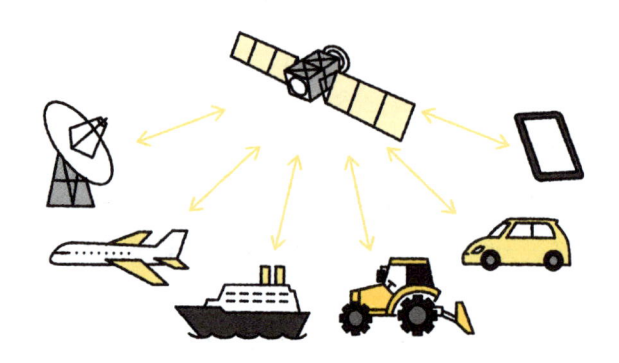

卫星通信的基本原理

卫星通信是将位于地球轨道上的通信卫星作为**中继站**，接收并转发**地面站**之间的电磁波信号，实现远距离无线通信的技术。

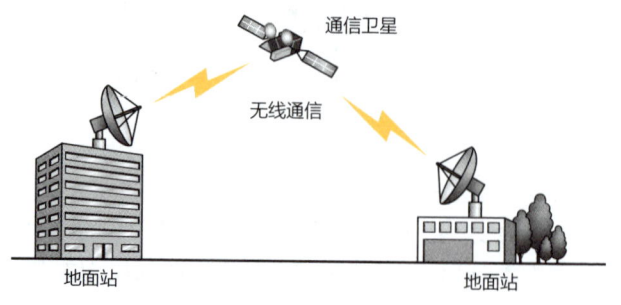

▲ 卫星通信

地面站将信号上行发送至卫星（**上行链路**），卫星接收后进行放大和处理，再下行转发至目标地面站（**下行链路**）。

通信卫星的轨道分类

通信卫星运行的轨道根据高度和特性，主要分为以下三类。

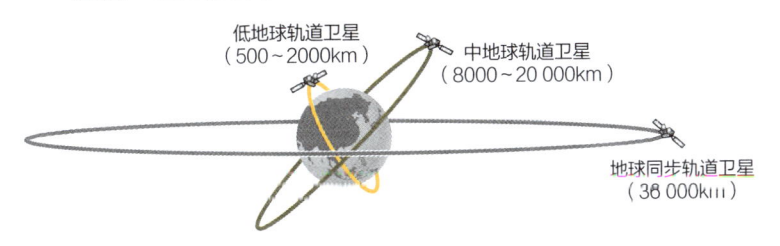

低地球轨道卫星
（500～2000km）

中地球轨道卫星
（8000～20 000km）

地球同步轨道卫星
（36 000km）

▲ 通信卫星的运行轨道

地球同步轨道卫星（GEO） 位于约 35 786 km 的轨道高度，其轨道周期与地球自转周期相同，从地面看似乎固定在天空的某一点。单颗 GEO 可覆盖约 1/3 地球表面，三颗即可实现全球覆盖（极地地区除外），非常适合广播和通信服务。然而，由于距离较远，信号传播存在约 250ms 延迟，不适用于实时性要求高的应用，如语音通话。

中地球轨道卫星（MEO） 的轨道高度在 2000～35 786 km 之间，相对于地面移动，覆盖范围大于低轨卫星，且所需卫星较少。其信号传输延迟和链路损耗较低，适用于导航定位系统（如 GPS）以及部分通信服务。但需要复杂的地面跟踪和卫星切换管理系统，以维持通信的连续性。

低地球轨道卫星（LEO） 位于 160～2000km 的轨道高度，运行速度快，相对于地面快速移动。其信号传播延迟约为 50ms，链路损耗小，非常适合提供高速互联网接入服务。然而，单颗 LEO 卫星的覆盖范围较小，需要部署大量卫星组成星座系统，才能实现全球连续覆盖。

第 44 讲 铁生锈的原因

化学作用 ///　　　☑生锈　☑氧化还原　☑电离倾向

什么是生锈？

当铁暴露在空气或水中，特别是同时存在水和氧气的环境中时，会发生**腐蚀**。腐蚀后生成的红褐色或棕红色物质，就是我们常说的锈（主要成分是氧化铁）。

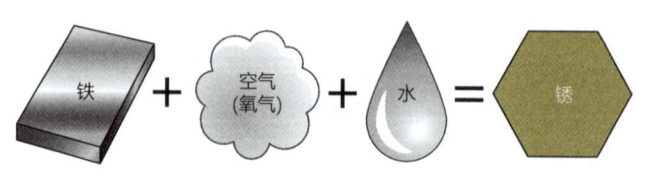

▲ 生锈的过程

氧化还原反应与铁的稳定状态

事实上，金属铁并不是自然界中的稳定存在形式。大多数铁资源在自然界中以铁矿石（如赤铁矿 Fe_2O_3）形式存在，这些铁矿石本质上是铁与氧结合的氧化物。

炼铁时，我们通过高炉使铁矿石与焦炭发生化学反应，去除氧，提取出金属铁。这一过程被称为**还原反应**。从某种意义上说，**铁生锈就是这个过程的逆反应，铁重新与氧结合，回到更稳定的氧化状态。**

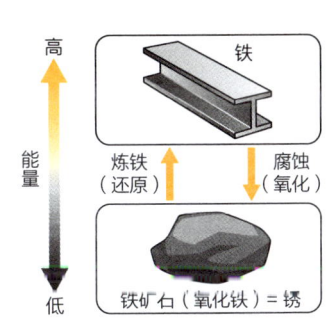

▲ 铁的氧化还原

为什么铁会生锈，而某些金属不会？

并非所有金属都像铁那样容易生锈。金属发生腐蚀的难易程度取决于其电离倾向，也就是它失去电子、变成阳离子的倾向。

- 电离倾向越大，金属越容易失去电子，被氧化，从而越容易生锈。
- 电离倾向小的金属，如金、银、铂等，极难与氧发生反应，因此不容易腐蚀。

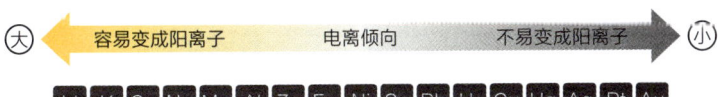

大 ← 容易变成阳离子	电离倾向	不易变成阳离子 → 小

Li K Ca Na Mg Al Zn Fe Ni Sn Pb H_2 Cu Hg Ag Pt Au
锂 钾 钙 钠 镁 铝 锌 铁 镍 锡 铅 氢 铜 汞 银 铂 金

▲ 常见金属的电离倾向

第45讲 铁生锈的本质是电化学反应

化学作用 ///　　　　　☑电子　☑离子　☑氧化铜

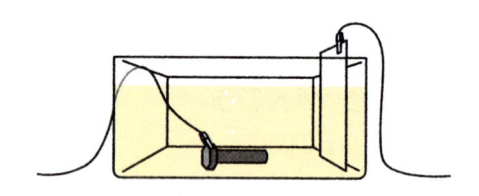

氧化还原反应与电子的转移

铁生锈的本质，其实是一种氧化还原反应。从化学的角度来看，**氧化**是物质失去电子的过程，**还原**是物质获得电子的过程。

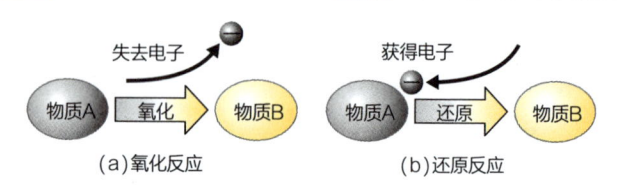

(a) 氧化反应　　　(b) 还原反应

▲ 氧化还原反应

氧化和还原总是成对发生的：一个物质失去电子，另一个物质必须接收这些电子。正因为如此，氧化还原反应实际上就是一种电子的转移反应。

离子的形成

原子本身是不带电的，因为它内部的质子（带正电）和电子

第45讲 铁生锈的本质是电化学反应

（带负电）数量相等。当原子失去电子时，正电荷占优势，就形成了阳离子（如 Fe^{2+}）；当原子获得电子时，负电荷占优势，就形成了阴离子（如 O^{2-}）。

离子用元素符号右上角的"+"或"-"表示其电荷数，如 Fe^{2+} 表示铁失去了两个电子，O^{2-} 表示氧获得了两个电子。

不同种类的原子在化学反应中具有不同的失电子或得电子倾向，形成阳离子还是阴离子，主要取决于元素本身的化学性质。

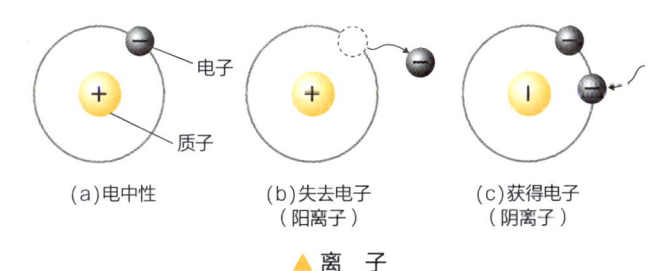

(a) 电中性　(b) 失去电子（阳离子）　(c) 获得电子（阴离子）

▲ 离　子

从电子转移角度看铜的氧化

以铜（Cu）和氧气（O_2）反应生成氧化铜（CuO）为例，整体反应方程式：

$$2Cu+O_2 \rightarrow 2CuO$$

这个反应可以分解成两个部分。

铜的变化（氧化反应）　$2Cu \rightarrow 2Cu^{2+}+4e^-$

铜原子失去电子变成铜离子（Cu^{2+}），属于**氧化反应**。

氧的变化（还原反应）　$O_2+4e- \rightarrow 2O^{2-}$

氧获得电子变成氧离子（O^{2-}），属于**还原反应**。

这些离子随后结合，生成黑色固体氧化铜（CuO）。可见，金属腐蚀实质上是一个由**电子转移驱动**的**电化学反应过程**。

第 46 讲　通过化学方法产生电能的电池

化学作用 ///　　　☑金属板　☑电解液　☑极化

电池的基本结构

　　电池是一种将氧化还原反应产生的化学能转化为电能的装置。其基本结构如右图所示：在**电解液**中，插入两块电离倾向不同的金属板，分别作为电池的**负极**和**正极**。

　　常见的电解液有稀盐酸、稀硫酸、食盐水等。常用的金属板组合有锌与铜、锌与碳棒等。电离倾向大的金属更容易失去电子，适合作为负极。

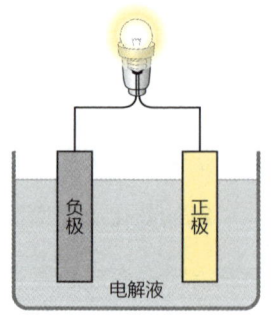

▲ 电池的基本结构

用锌和铜制成的简单电池

我们来看一个使用锌板（Zn）和铜板（Cu），以稀硫酸（H_2SO_4）作为电解液的电池，理解其中发生的化学变化。

① 负极（锌）发生**氧化反应**：锌的电离倾向大于铜，它容易失去电子而形成锌离子（Zn^{2+}）并溶解在电解液中。

$$Zn \rightarrow Zn^{2+} + 2e^-$$

② 电子通过导线流向正极（铜）：释放出的电子沿着导线从锌板流向铜板，使电流沿反方向流动，电路中的灯泡随之点亮。

③ 正极（铜）发生**还原反应**：铜板周围的稀硫酸中含有氢离子（H^+）。这些氢离子在铜板上接收电子变为氢原子，随后两个氢原子结合形成氢气（H_2）。

$$2H^+ + 2e^- \rightarrow H_2$$

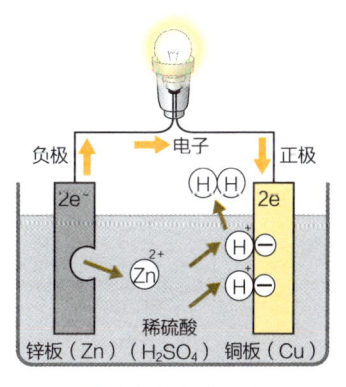

▲ 电池的工作原理

极化现象与去极化剂

电池工作一段时间后，铜板表面会被氢气泡覆盖，使电子不易传递到氢离子，从而影响还原反应的进行，电流也就无法维持。这种现象被称为**极化**，会导致电池性能下降。

人们常在电池中加入能与氢气反应的**氧化剂**，将生成的氢气转化为水，从而避免极化现象的发生。这种用来消除极化的物质被称为**去极化剂**，以二氧化锰（MnO_2）为代表。

第47讲 电镀：在物体表面形成金属薄膜

化学作用 ///　　　☑薄膜　☑防锈　☑热镀锌

什么是电镀？

电镀是一种在金属或树脂等物体表面覆盖一层**金属薄膜**的技术。常见的电镀金属包括铜、镍、铬、金等。

电镀不仅具有装饰性，还能防止生锈（防腐蚀），提高材料的耐磨性，并改善电气性能，因此在工业和日常生活中应用非常广泛。

从电化学角度看，电镀与电池类似，都是通过**氧化还原反应**来实现电子的转移，从而在材料表面沉积金属。

第 47 讲　电镀：在物体表面形成金属薄膜

镀　铬　　　　　　镀　金　　　　　　镀　锡

▲ 各种电镀产品

电镀的原理

- 将被镀物体（如钥匙、金属零件）作为阴极（负极）。
- 将电镀金属（如铜、镍）作为阳极（正极）。
- 把两者放入含有金属离子的电解液中。
- 接通直流电后，阳极中的金属失去电子，溶解成金属离子，进入溶液（氧化）。
- 溶液中的金属离子在阴极处接受电子，沉积在被镀物体的表面（还原）。

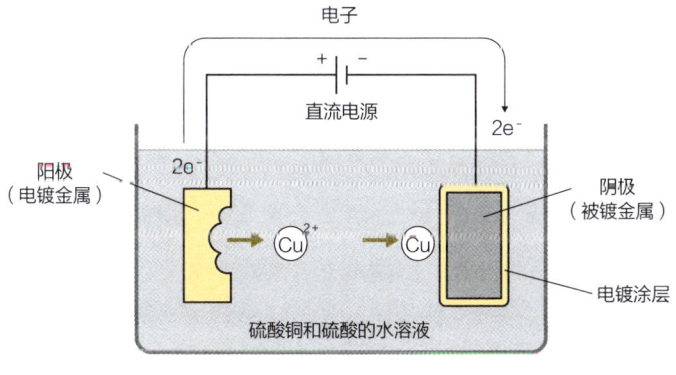

电子

直流电源

$2e^-$

$2e^-$

阳极（电镀金属）

Cu^{2+} → Cu

阴极（被镀金属）

电镀涂层

硫酸铜和硫酸的水溶液

▲ 铜电镀的基本原理

105

如此反复，被镀物体表面逐渐形成均匀、致密的金属层。

以铜电镀为例，常用的电解液是硫酸铜（$CuSO_4$）和稀硫酸（H_2SO_4）的混合溶液，阳极常使用无氧铜或磷脱氧铜等高纯度铜板。

热镀锌：另一种防锈技术

热镀锌是一种不依靠电流的镀层方法，常用于钢材的防锈处理。

- 将钢材浸入高温下熔化的锌液中。
- 钢材表面与锌发生反应，形成一层致密的锌层，有效防止钢材进一步氧化生锈。

热镀锌具有耐腐蚀性强、附着力强、成本低、适用范围广的优点。因此，它被广泛用于输电铁塔、桥梁、道路护栏等需要长期暴露在户外环境中的设施。

有时，热镀锌也被称为"**浸镀**"或"**热浸镀锌**"，因为它的工艺过程是通过直接浸入熔融锌液中完成的。

第 4 章　从发电到用电

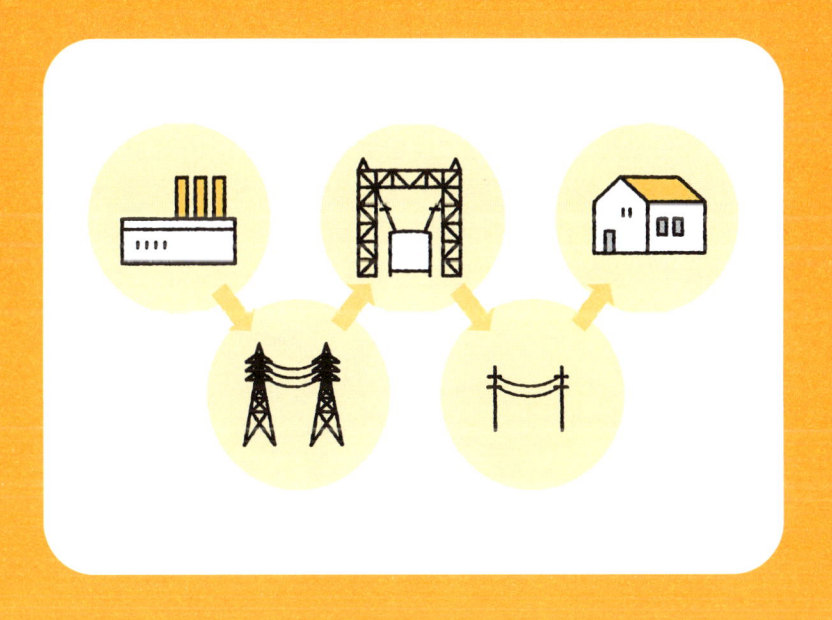

第48讲 全程无线——从用电到充电

电池供电 ///   ☑章鱼脚布线   ☑充电   ☑无线充电

电线的角色

发电站通过输电线将电力传送至城市后，要想在家庭、学校或工厂中使用，我们还需要用电线（或电缆）配送到各种用电设备。然而，电线太多会带来种种不便：地面凌乱，存在安全隐患。多条插线板连接被戏称为"章鱼脚布线"，存在过载起火风险。

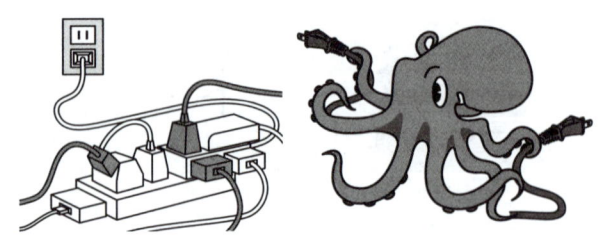

▲ 章鱼脚布线

向无线化迈进

为了更方便地使用电力,越来越多的设备开始无线化。例如,无线吸尘器、无线电动工具、无线蓝牙耳机,这些设备都依靠内置电池运行,无须电源线就能工作,提升了使用的灵活性和便利性。

但要注意,即使设备本身不插电,当电池电量耗尽时,还是需要使用电源线来充电。所以,这里的"无线"只是暂时的。

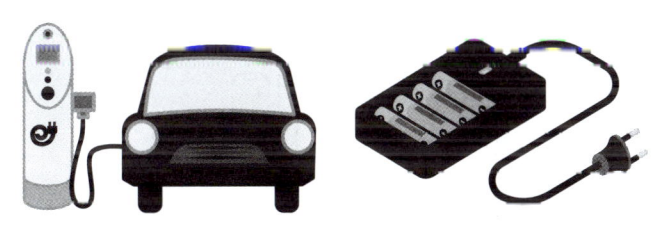

▲ 电池的充电

非接触式供电:真正意义的"无线充电"

有一种不使用电源线进行充电的技术——非接触式供电,也被称为**无线电能传输**(WPT)。以常见的电磁感应式无线电能传输为例,在充电座(发射端)内部设置线圈,在接收设备(如手机、电动牙刷)内部也设置线圈。发射线圈通电后产生交变磁场,接收线圈中感应出电流,从而给电池充电。

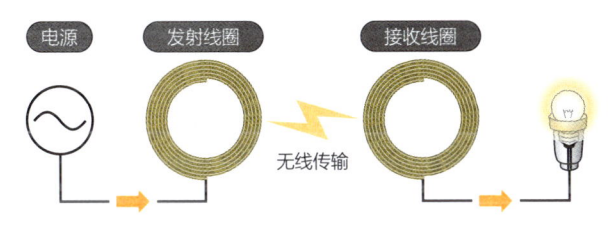

▲ 非接触式供电

第 49 讲　干电池的内部

电池供电 ///　　☑电解液　☑锰干电池　☑碱性干电池

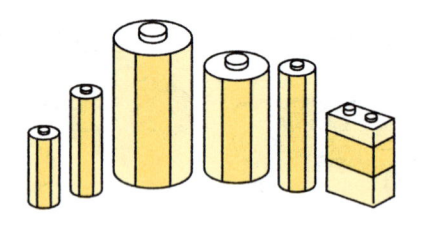

认识干电池

干电池是一种将**电解液**吸收进糊状或固体物质中的电池,外观看起来是"干"的。这样设计有两个优点:不容易洒出液体,使用更安全;能在更复杂的环境中工作,如寒冷地区。

不过要注意,干电池内部仍然含有液体成分,如果操作不当或电池老化,也可能发生**电解液泄漏**,造成腐蚀。

干电池主要分为**锰干电池**和**碱性干电池**,电动势都是 1.5V。

锰干电池

锰干电池的结构如图 (a) 所示。

- 正极:二氧化锰(MnO_2)。
- 负极:锌筒(既是电极也是电池外壳)。

第49讲 干电池的内部

- 电解液：氯化铵水溶液（近中性）。
- 集电器：碳棒，用于导电。
- 绝缘层与隔板：防止电极短路。

锰干电池的电解液接近中性，即使发生泄漏，也会与空气中的二氧化碳反应形成白色粉末，对金属腐蚀性小，对人体刺激较轻。因此，它常用于玩具、遥控器、挂钟等对电流要求不高的设备。

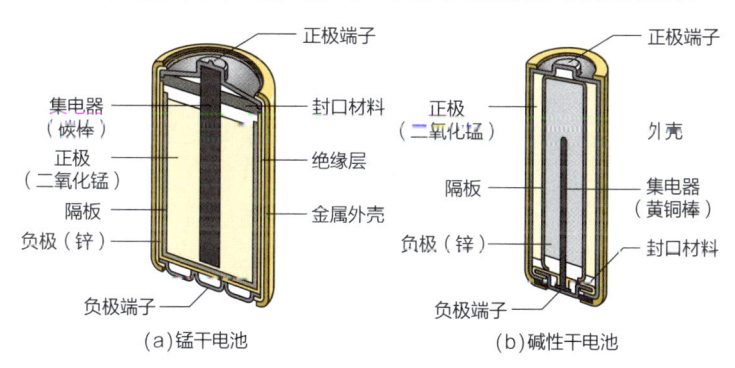

(a) 锰干电池

(b) 碱性干电池

▲ 干电池的结构

碱性干电池

碱性干电池的结构如图 (b) 所示。

- 正极：二氧化锰（MnO_2）。
- 负极：锌粉（通常填充于电池内部）。
- 电解液：氢氧化钾水溶液（强碱性，具有腐蚀性、刺激性）。
- 集电器：镀镍黄铜棒，导电性能好。
- 外壳：钢壳。

碱性干电池内阻小，能输出较大电流，电压更稳定，寿命长，适合数码相机、电动玩具、手电筒等连续大功率设备。

111

第 50 讲 车用铅酸蓄电池

电池供电 ///   ☑二次电池 ☑充电 ☑补水

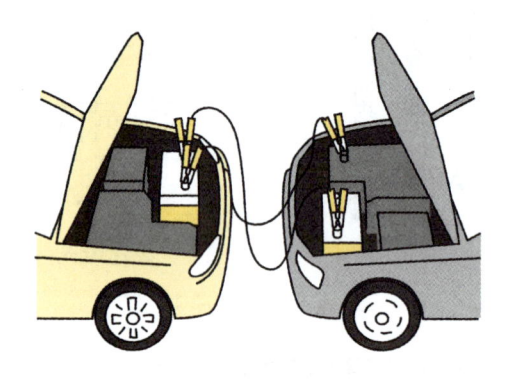

充电电池

电池可以按照是否可充电分为两类。

- **一次电池**：用完即弃，不可充电，如常见的干电池。
- **二次电池**：也叫**蓄电池**，可以充电后重复使用，如手机电池、笔记本电脑电池和汽车电池等。

与此相对，二次电池可以充电，因此可以反复使用，也被称为**蓄电池**。铅酸蓄电池是人类最早发明的二次电池之一，具有结构简单、制造成本低、可靠性高等优点，至今仍被广泛用于汽车、电动自行车、UPS（不间断电源）、备用电源系统。

第 50 讲　车用铅酸蓄电池

铅酸蓄电池的结构

下图展示了一种常见的 12V 车用铅酸蓄电池的结构。

- 极板组（极群）：正极板、负极板和中间的隔板交替排列，防止短路。
- 电池槽：用树脂材料制成，分为 6 个小室，每个小室内装有一个极群，分别提供约 2V 电压，串联后输出 12V。
- 电解液：使用稀硫酸（H_2SO_4），满电状态下的比重约为 1.280。
- 极柱：用于外接电路，包括正极柱和负极柱。
- 电池盖：密封电池上方，部分型号设有加液口或通气孔。

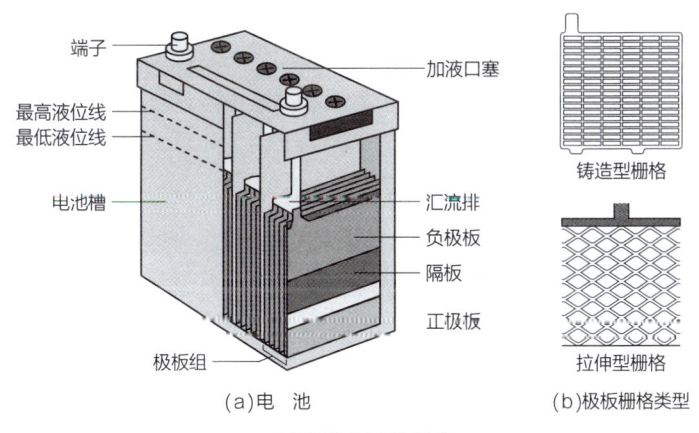

(a) 电池

(b) 极板栅格类型

▲ 铅酸蓄电池的结构

极板上覆盖着一种可以参与化学反应的活性物质，用于储存和释放电能。极板栅格一般由铅合金制成，用于支撑活性物质。

第 4 章 从发电到用电

放电原理

连接电动机、灯泡等负载时，电池开始放电，其内部发生如下化学反应。

- 负极板（铅，Pb）与电解液中的硫酸根离子（SO_4^{2-}）结合，生成硫酸铅（$PbSO_4$），附着在负极板上。
- 正极板（二氧化铅，PbO_2）中的铅也与硫酸根离子反应，同样生成硫酸铅，同时产生水。
- 电解液中的硫酸被消耗，因此比重逐渐下降。可以使用比重计来测量电解液的比重，从而判断电池的剩余电量。

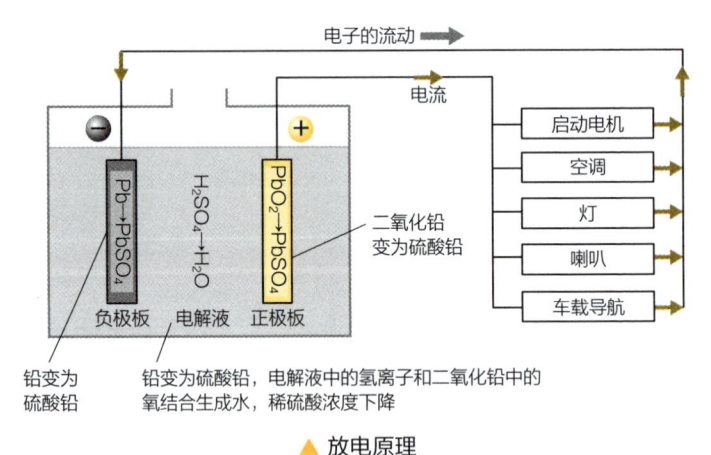

电子的流动 →

电流

启动电机
空调
灯
喇叭
车载导航

Pb→$PbSO_4$
H_2SO_4→H_2O
PbO_2→$PbSO_4$

二氧化铅变为硫酸铅

负极板　电解液　正极板

铅变为硫酸铅

铅变为硫酸铅，电解液中的氢离子和二氧化铅中的氧结合生成水，稀硫酸浓度下降

▲ 放电原理

充电原理

电池放电后，可以利用充电器进行充电，充电时电池内部发生如下化学反应。

- 负极板上的硫酸铅分解为铅和硫酸根离子，铅重新附着在负极板上，硫酸根回到电解液中。

- 正极板上的硫酸铅转化为二氧化铅，硫酸根和氢离子回到电解液中。
- 在此过程中，电解液浓度（比重）会上升。

这种放电—充电的过程可以反复进行，这正是二次电池的优点。

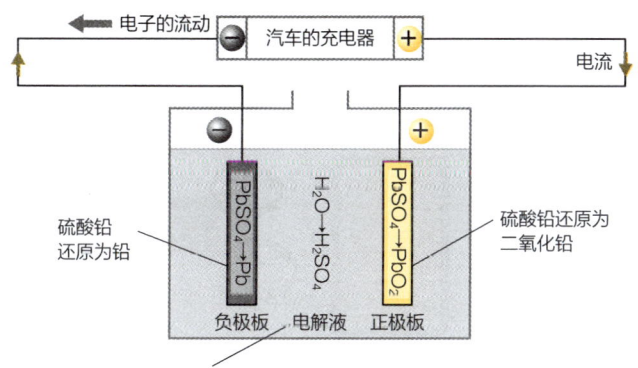

电子的流动 ← 汽车的充电器 电流

硫酸铅还原为铅（$PbSO_4 \rightarrow Pb$）

$H_2O + H_2SO_4$

硫酸铅还原为二氧化铅（$PbSO_4 \rightarrow PbO_2$）

负极板　电解液　正极板

由于电解液中氢离子和硫酸根离子增多，稀硫酸浓度上升

▲ 充电原理

电解液的补水

充电时，电解液中的水可能会被电解为氢气和氧气，特别是在过充电或高温情况下，水分蒸发会导致**电解液减少**。

为了保持电池正常工作，需要定期检查电解液的液位。当液面接近最低液位线时，应通过加液口补充**纯净水**或**蒸馏水**。注意：不能加稀硫酸，因为减少的是水分而不是酸。

近年来，电动车和汽车中逐渐普及阀控式铅酸蓄电池（VRLA，也称免维护电池）。它的特点是电池内部气体可以重新转化为水分，几乎不消耗电解液；结构完全密封，无须补水，也无法通过比重计检测剩余电量。

第 51 讲 手机用的锂离子电池

电池供电 ///   ☑补充充电 ☑锂离子 ☑全固态电池

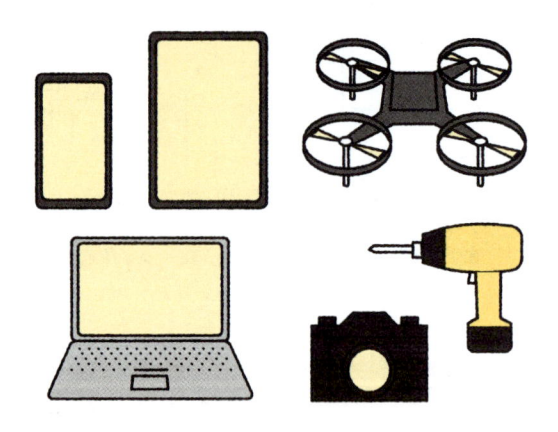

锂离子电池的特点

锂离子电池广泛应用于智能手机、笔记本电脑、电动汽车等各种设备中。与传统的二次电池相比,它具备以下优势。

1. 工作电压高

锂离子电池的单体工作电压约为 3.7V,约是镍氢电池（1.2V）或镍镉电池（1.2V）的 3 倍。因此,获得同样的电压,串联电池数可减少至原来的 1/3,从而节省体积和质量。

▼ 二次电池的比较

项　目	镍镉电池	镍氢电池	铅酸蓄电池	锂离子电池
单体电压 /V	1.2	1.2	2.0	3.7
质量能量密度 / (W·h·kg^{-1})	20~70	40~90	20~40	150~200
体积能量密度 / (W·h·L^{-1})	60~200	170~350	50~90	200~500
循环寿命 /次	500~1000	500~1000	300~1500	1200~2000
月自放电率 /%	25	20	5~10	5
记忆效应	有	有	无	无

2. 能量密度高

锂离子电池的质量能量密度约为镍氢电池的 3 倍、镍镉电池的 5 倍；体积能量密度约为镍氢电池的 1.5 倍、镍镉电池的 3 倍。这使得锂离子电池成为轻量化、小型化设备（如手机、穿戴设备）的理想电源选择。

3. 循环寿命长

所谓循环寿命，是指电池在性能明显下降前可反复充放电的次数。锂离子电池的典型循环寿命在 1200~2000 次，远优于其他类型的二次电池，使用寿命更长。

4. 自放电率低，存储特性好

所有电池在闲置状态下都会因内部反应而缓慢放电，这被称为"自放电"。锂离子电池的月自放电率仅约 5%，大约是镍氢和镍镉电池的 1/5，即使几个月未用，电量也几乎不会明显下降。

5. 无记忆效应

镍系电池在多次浅充浅放后，会出现"**记忆效应**"——实际容量看似减小。而锂离子电池不存在记忆效应，用户无须每次都将其完全充满或完全放空，哪怕还有电，也可以随时补充充电，使用更灵活。

锂离子电池的充放电原理

锂离子电池的典型结构包括正极（锂金属氧化物）、负极（石墨等碳材料）、隔膜以及使用有机溶剂的电解液。

充电时，锂离子从正极材料中脱离，溶解到电解液中，并穿过隔膜迁移到负极，与石墨嵌合形成嵌锂石墨。与此同时，电子沿外部电路从正极流向负极，实现电能的存储。

放电时，上述反应逆转：锂离子从负极脱嵌，穿过电解液回到正极，与锂金属氧化物重新结合。电子通过外部电路从负极回到正极，释放电能供外部负载使用。

要注意的是，只有锂离子在电解液中穿过隔膜迁移，电子则通过外部导线流动。正是这种"锂离子在内部往返、电子在外部流动"的模式，实现了电池的充放电功能。

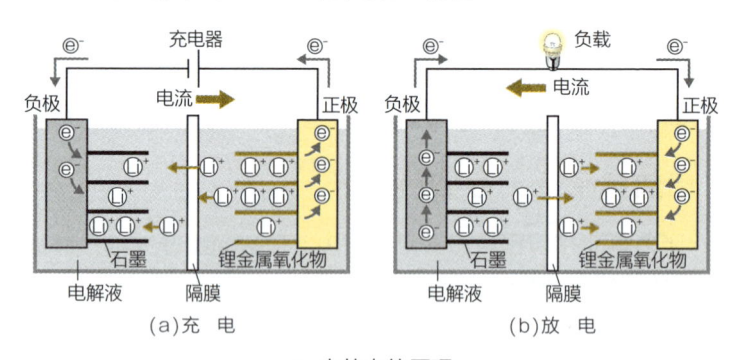

▲ 充放电的原理

全固态电池：下一代电池技术

作为锂离子电池的有力继承者，**全固态电池**正在成为研发热点。其基本工作原理与锂离子电池相同，不同之处在于电解质由液体改为**固体材料**（如氧化物、硫化物或聚合物）。这一改变带来了诸多潜在优势。

- 更小型化：由于采用固体电解质，可实现更薄的电池结构，便于多层堆叠，提高单位体积容量。
- 更高安全性：不含易燃液态电解质，减少漏液、热失控、起火的风险。
- 更长寿命与更优耐环境性：固体电解质更稳定，不易分解，适合高温、高压环境。
- 有利于超高速充放电：理论上固态离子导体的界面阻抗更低，有望大幅提升充放电效率。

因此，全固态电池特别适用于电动汽车、高端电子设备等对安全性和能量密度要求极高的领域。目前，各大企业正致力于其实用化开发，预示着一场储能技术的重大飞跃。

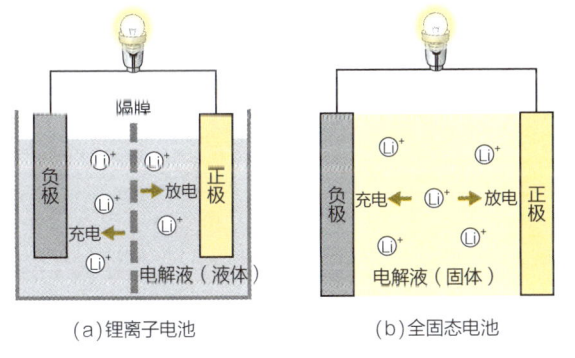

▲ 锂离子电池与全固态电池的比较

第52讲 燃料电池并非电池

电池供电 ///　　　　☑发电机　☑水的电解　☑电子

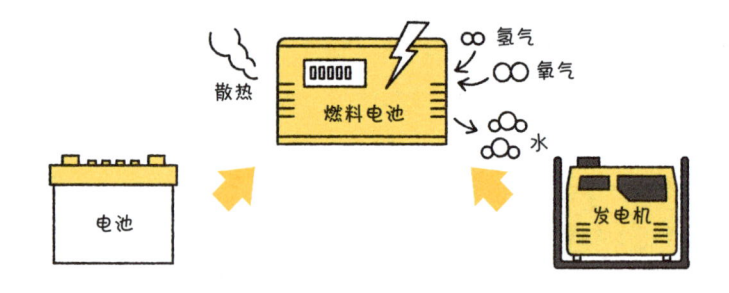

燃料电池不是传统意义上的"电池"

我们通常所说的电池，如干电池或锂离子电池，是将电能储存在内部的装置。一旦其中储存的电能被消耗殆尽，就无法继续使用，必须更换电池或对其充电。也就是说，这类电池一次能够输出的电量，取决于**电池内部储存容量**。

然而，燃料电池并不储存电能，而是像火力发电厂一样，只要不断从外部输入"燃料"，就能持续发电。具体来说，燃料电池只要不断地向负极（燃料极）供应氢气，向正极（空气极）供应氧气（通常直接来自空气），就能不断地产生电能。

因此，与其说燃料电池是"电池"，不如说它更**接近发电机**——一种只要持续提供燃料，就能持续工作的发电设备。

从"水的电解"反推"燃料电池"

我们知道，水是由氢和氧组成的。如果给水通电，就会发生分解反应，生成氢气和氧气，这个过程被称为"**水的电解**"。

既然可以用电将水分解为氢气和氧气，那么将氢气和氧气重新组合，是不是可以反过来释放电能呢？

从电化学的角度来看，水的电解与燃料电池的工作反应正好是互逆的，一个是用电制氢，一个是用氢发电。

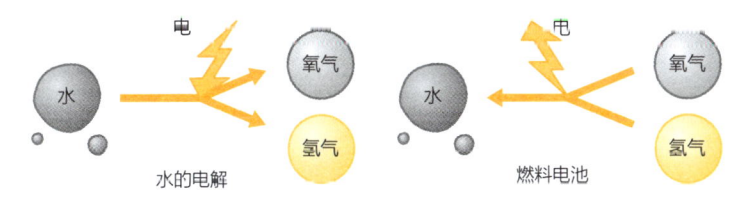

▲ 电解与燃料电池的化学反应

燃料电池的发电原理

根据使用的电解质，燃料电池大致可以分为 4 种类型：固体高分子型燃料电池（PEFC）、磷酸型燃料电池（PAFC）、熔融碳酸盐型燃料电池（MCFC）、固体氧化物型燃料电池（SOFC）。其中，PEFC 因结构紧凑、启动快，广泛应用于家用燃料电池系统和燃料电池汽车中。

PEFC 的核心结构是在负极和正极之间夹一层固体高分子膜（质子交换膜，PEM），它只允许氢离子通过，而阻挡电子。

在负极（燃料极），氢气（H_2）经过催化剂作用，分解为氢离子（H^+）和电子（e^-）。氢离子可以穿过电解质膜向正极移动，而电子无法穿透膜，只能绕道从外部电路流向正极，形成电流。

第 4 章 从发电到用电

在正极（空气极），从空气中吸入的氧气（O_2）与通过膜迁移而来的氢离子，以及外部电路传来的电子发生反应，生成水（H_2O）。

这个过程的关键在于电子沿外电路流动，形成电流，从而产生电能。

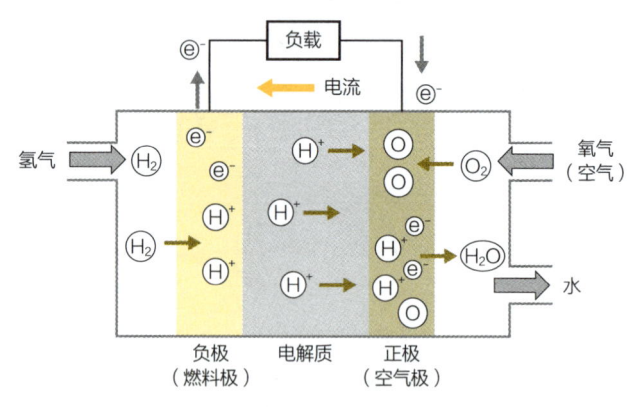

▲ 燃料电池的发电原理

燃料电池的优缺点

1. 优　点

- 高效率：比传统内燃机发电的效率高。
- 低噪声：化学反应无运动部件，基本无声运行。
- 环保：反应产物仅为水，不排放二氧化碳或有害气体。
- 能源安全：氢气可由多种能源生产。

2. 缺　点

- 成本较高：虽然近年已有降低，但尚未普及到大众家庭。
- 寿命有限：商用燃料电池的使用寿命一般在 10 年左右。

专栏5　高效的家用燃料电池系统——Enefarm

传统发电方式会排放大量"废热",而 Enefarm 通过巧妙的设计将这些热量"回收利用",用来加热生活热水或供暖,综合能源效率可达到 70%~90%,远高于普通的发电设备。这使它成为一种既节能又环保的先进家庭能源解决方案,并有望在未来广泛普及。

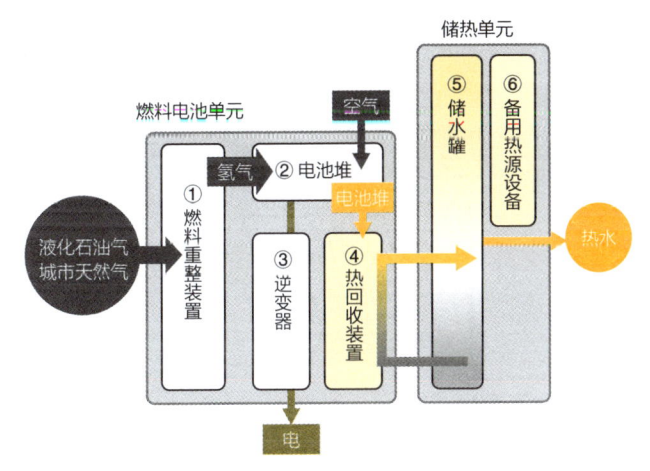

▲ 家用燃料电池系统 Enefarm 的结构

① **燃料重整装置**:从城市天然气中提取出氢气。

② **电池堆**:使提取的氢气与空气中的氧气发生化学反应,产生直流电和热量。

③ **逆变器**:将电池堆产生的直流电转换为交流电。

④ **热回收装置**:回收燃料反应过程中产生的废热,用于加热生活热水,最大限度地提高能源利用率。

⑤ **储水罐**:储存热回收系统加热的热水,以供热水或供暖。

⑥ **备用热源设备**:当储水罐中的热水温度不达标时,可启用辅助燃气加热装置继续提供热水。

第53讲 抽水蓄能发电：巨型"蓄电池"

发电站产生的电 /// ☑电力需求 ☑高峰 ☑低谷 ☑可逆式

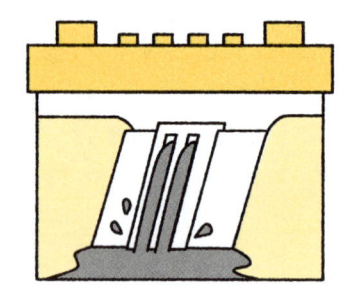

为什么需要"储电"？

电力需求量会随着气温、天气、时间和人们的活动而变化。例如，夏季白天使用空调的家庭和办公楼特别多，电力需求会迅速上升；而到了夜间，大部分设备停止运行，用电量大幅下降。夏季白天与夜间的用电量几乎差了一倍！

为了应对高峰时段的需求，我们需要在低需求时"储电"，高需求时"放电"——这正是抽水蓄能发电的意义。

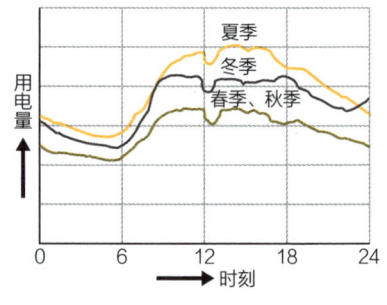

▲ 一天内电力需求的变化

第53讲 抽水蓄能发电：巨型"蓄电池"

抽水蓄能发电的工作原理

抽水蓄能电站就像一个巨大的"蓄电池"。

- 抽水（类似"充电"）：在深夜或用电低谷，利用电动机驱动水泵，把下部水库的水抽到上部水库。
- 发电（类似"放电"）：到了白天用电高峰，将上部水库的水释放到下部水库，利用水流推动水轮机发电。

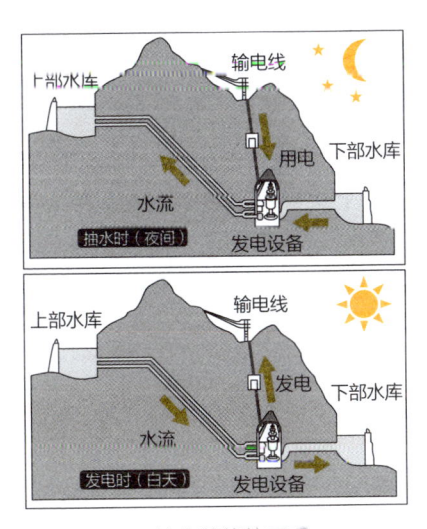

▲ 抽水蓄能的原理

可逆式设备：一机两用

为了让设备更经济、占地更小，现代抽水蓄能电站采用了可逆式发电装置。

- **发电电动机**：既作为电动机驱动水泵，也作为发电机发电。
- **泵水轮机**：既当作水泵把水抽上去，又当作水轮机来发电。

第 54 讲 利用自然水循环的水力发电

发电站产生的电 ///   ☑势能   ☑水量与落差   ☑水轮机

什么是水力发电？

水力发电将水从高处流向低处时释放的**势能**转化为电能，是一种清洁的可再生能源，因其发电过程不产生二氧化碳排放而备受推崇。

以坝式水力发电站为例，水库中的水通过拦污栅过滤泥沙、漂浮物及鱼类等杂质，随后经引水管路输送至水轮机。由于引水管路中的水流处于高压高速状态，水轮机的转轮被强劲驱动，将水流的动能转化为机械能，通过主轴传递至发电机，最终转化为电能。

水力发电站的输出功率主要取决于**水量**和**落差**。发电后的水通过尾水渠流回下游河流。

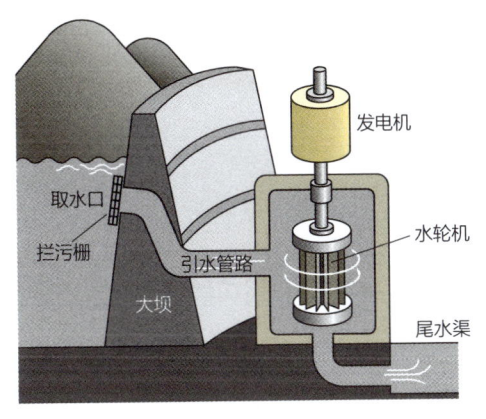

第 54 讲 利用自然水循环的水力发电

▲ 坝式水力发电的基本原理

水轮机的种类

- **冲击式水轮机**：利用高压水流从喷嘴喷出，冲击水斗使转轮旋转，适用于高落差、小流量场景，如山区小型电站。
- **反动式水轮机**：通过水流在转轮内改变方向时产生的反作用力推动转轮旋转，适用落差和流量范围宽，是现代大型水电站的常用设备。

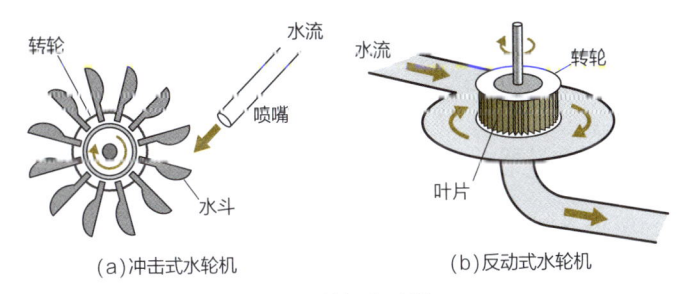

(a) 冲击式水轮机　　(b) 反动式水轮机

▲ 水轮机的种类

转轮是水轮机的核心部件，直接承受水流冲击或推力并旋转，驱动发电机运行。

127

第4章 从发电到用电

水力发电站的分类

1. 按建筑物类型分类

引水式水电站：在河流上游修建小型取水坝，通过长距离引水管路将水引至具有足够落差的地点发电。发电量受河水流量波动影响较大，洪水或设备停机时可能产生无效放流（未用于发电的放水）。

坝式水电站：通过修建大坝拦截河流，形成水库，抬高水位以获得落差。水库可储水，发电量不受河水流量短期波动影响，无效放流极少。此外，坝式水电站常作为多功能大坝，兼顾防洪、工业用水、农业灌溉等用途。

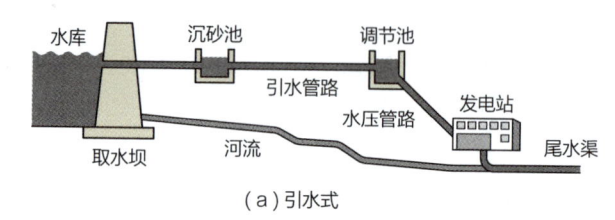

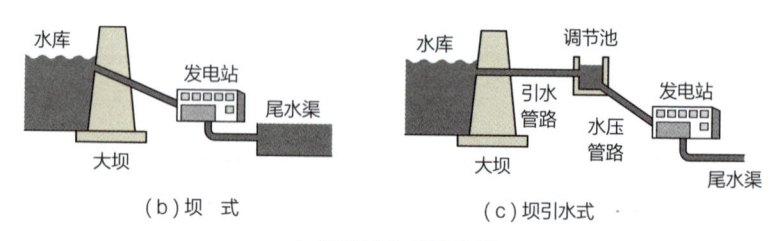

▲ 按建筑物类型分类

坝引水式水电站：结合坝式和引水式的优点，通过大坝蓄水和引水管路输送水流，获得更大落差。由于蓄水与发电地点可分离，选址灵活性更高。

2. 按水资源利用方式分类

自流式（流入式）：直接利用天然河流的水流发电，无须储水，发电量随河流流量变化而波动。取水方式通常为引水管路式。

调节池式：通过调节池储存水量，在夜间或周末（低用电需求时段）减少发电，白天或工作日（高用电需求时段）增加发电，适合短期（日或周）电量调节。

蓄水池式：利用大规模水库储存水量，在多雨季节（如雪融、梅雨或台风期）蓄水，夏季或冬季高用电需求时放水发电，适合长期（季节或年度）电量调节。

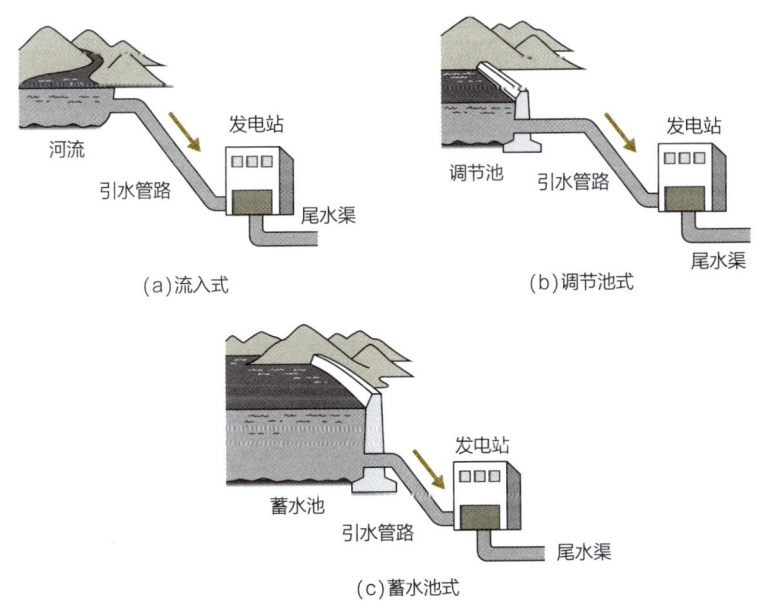

(a) 流入式

(b) 调节池式

(c) 蓄水池式

▲ 按水资源利用方式分类

第 55 讲 火力发电：利用蒸汽推动轮机

发电站产生的电 ///　　☑蒸汽　　☑热效率　　☑联合循环发电

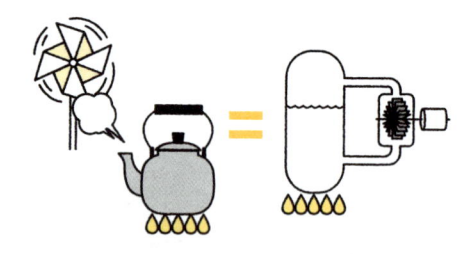

火力发电的基本原理

火力发电通过燃烧燃料产生热能，将水加热为高温高压蒸汽

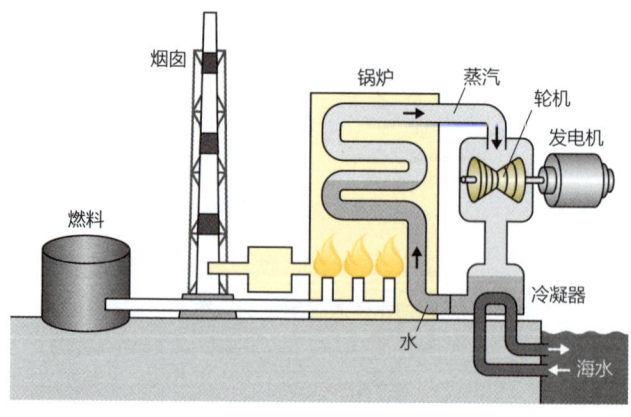

▲ 火力发电的基本原理

推动**蒸汽轮机**旋转，驱动发电机发电。在日本，火力发电占总发电量的 70% 以上，是主要电力来源。其基本流程如下：

① 在锅炉中燃烧燃料，加热水，产生高温高压蒸汽。

② 蒸汽驱动轮机旋转，带动发电机发电。

③ 使用过的蒸汽进入冷凝器，被冷却水（如海水）冷却后凝结为液态水，循环回锅炉重复使用。

1. 燃　料

火力发电主要使用化石燃料。日本的化石燃料几乎全部依赖进口。

天然气（LNG）：液化天然气通过冷却至 –162° 液化，体积缩小至约 1/600，便于运输和储存。使用时通过气化装置恢复气态。

煤炭：高热值燃料，广泛用于大型火电厂。

石油：包括重油等，主要用于特定场景。

▲ 火力发电的燃料

2. 锅　炉

锅炉通过燃烧燃料加热内部传热管中的水，生成高温高压蒸汽。现代锅炉可产生温度高达 600℃、压力达 25 MPa（相比家用压力锅的 0.2MPa）的蒸汽。这些蒸汽通过蒸汽管道输送至蒸汽轮机。

3. 蒸汽轮机

高温高压蒸汽冲击蒸汽轮机的叶片，使转子旋转，带动与之连接的发电机发电。蒸汽轮机的设计须确保高效能量转换和长期稳定运行。

4. 冷凝器

使用过的蒸汽在冷凝器中通过冷却水（如海水）降温，凝结为液态水。冷凝器通常采用管壳式换热器，蒸汽在管内流动，外部由冷却水带走热量。

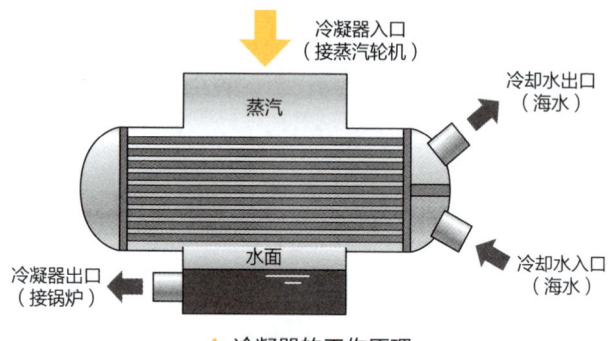

▲ 冷凝器的工作原理

5. 发电机

发电机由转子（含永磁体）和定子（含线圈）组成，通过电磁感应将机械能转化为电能。转子呈细长圆柱形，以适应高转速要求：在 50Hz 电网中为 3000r/min，在 60Hz 电网中为 3600r/min。高转速要求转子直径较小，以承受离心力。

为防止过热，发电机常采用氢气冷却（氢气的热导率高，冷却效率优于空气）。

联合循环发电：提升热效率的创新技术

热效率是火力发电站的重要指标，反映燃料热能转化为电能的比例。传统蒸汽轮机发电的热效率通常在 40% 左右，而联合循环发电结合燃气轮机和蒸汽轮机，可将热效率提升至 60% 以上。联合循环发电的基本流程如下。

① 燃气轮机发电：燃料在压缩空气中燃烧，产生高温高压燃气，驱动燃气轮机旋转发电。

② 余热回收：燃气轮机排出的高温废气（500~600℃）进入余热回收锅炉（HRSG），将水加热为蒸汽。

③ 蒸汽轮机发电：利用余热产生的蒸汽驱动蒸汽轮机，进一步发电。

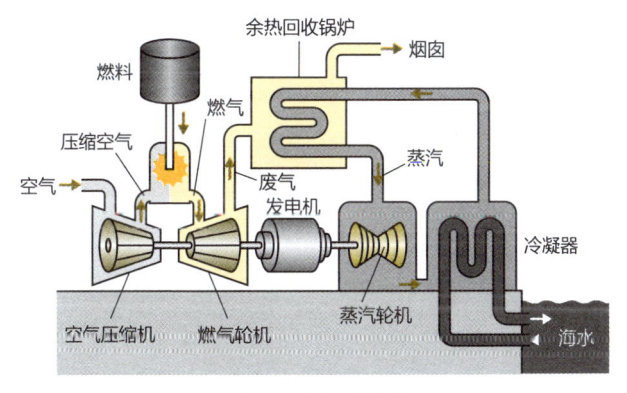

▲ 联合循环发电的基本原理

联合循环发电充分利用了传统发电中被浪费的余热，显著提高了能源利用效率。其系统结构虽较复杂，但具有以下优势。

- 快速启停：燃气轮机启动速度快，可快速响应电力需求。
- 灵活性：适合应对电网峰谷负荷变化，适应动态需求。

第56讲 核能发电：基于核裂变的蒸汽发电

发电站产生的电 /// ☑核裂变 ☑铀 ☑轻水反应堆

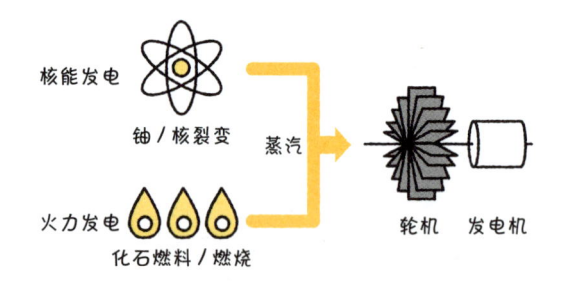

核能发电 铀/核裂变 → 蒸汽 → 轮机 发电机
火力发电 化石燃料/燃烧

核能发电的基本原理

核能发电与火力发电均通过高温高压蒸汽驱动蒸汽轮机旋转，带动发电机发电。但二者的热源不同：火力发电通过燃烧化石燃料产生热量，而核能发电利用铀燃料的**核裂变**反应释放热能。

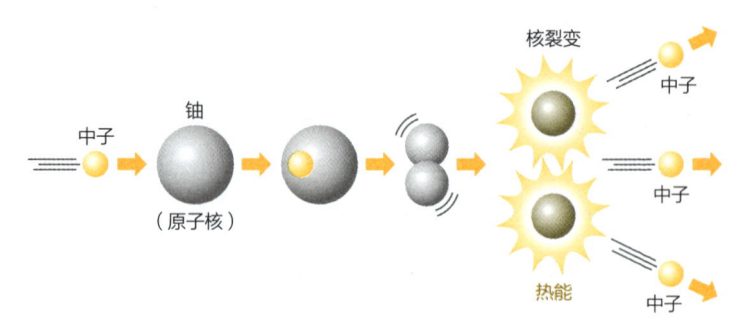

中子 → 铀（原子核）→ → → 核裂变 → 中子、热能、中子

▲ 核裂变

第56讲 核能发电：基于核裂变的蒸汽发电

核裂变是指重原子核（如**铀-235**）分裂为两个或多个较轻原子核的过程。中子撞击铀-235原子核，引发分裂，生成两个较小核（如钡和氪）及两三个中子。释放的中子继续撞击其他铀-235原子核，引发链式反应。核裂变释放大量热能，用于加热水生成高温高压蒸汽，驱动蒸汽轮机发电。

反应堆的种类

目前，全球广泛使用的核反应堆为**轻水反应堆**（LWR），以普通水（轻水）作为冷却剂和中子减速剂。根据蒸汽产生方式，分为以下两类。

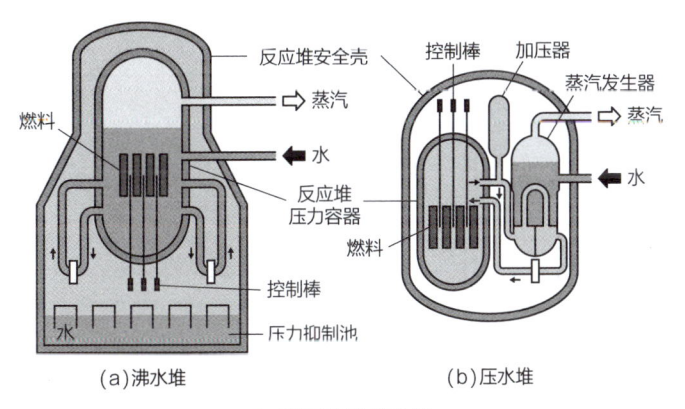

▲ 核反应堆的种类

沸水堆（BWR）：核裂变产生的热能直接加热反应堆内的水，使其沸腾生成蒸汽。蒸汽直接输送至蒸汽轮机，驱动发电机发电。其系统结构较简单，但蒸汽可能含有微量放射性物质，需严格隔离和防护。

压水堆（PWR）：核裂变加热反应堆内的一次冷却水（高压下保持液态，约300℃），通过蒸汽发生器将热量传递给二次回路的水，使其沸腾生成蒸汽，再驱动蒸汽轮机发电。其一次冷却水与二次回路隔离，蒸汽不含放射性物质，安全性更高，广泛应用于现代核电站。

第 57 讲　可再生能源发电

可再生能源 ///　　　☑可再生能源　☑能源自给率

可再生能源的定义与重要性

可再生能源是指通过自然过程不断再生的能源，如太阳能、风能、水能、地热能和生物质能，区别于依赖化石燃料的传统能源（如火力发电）。

当前，火力发电占主导地位，但其燃烧化石燃料（如石油、煤炭、天然气）会产生温室气体，加剧全球变暖，且面临资源枯竭的挑战。因此，可再生能源作为可持续、清洁的能源解决方案，受到全球关注。

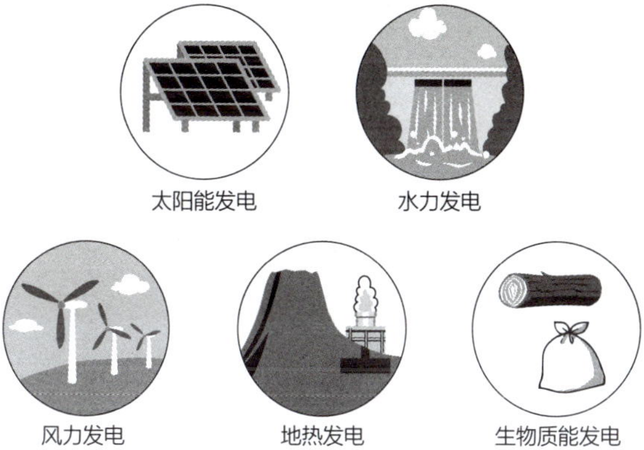

第 57 讲　可再生能源发电

太阳能发电　　水力发电

风力发电　　地热发电　　生物质能发电

▲ 可再生能源发电

可再生能源发电的优缺点

1. 优　点

- 环境友好：可再生能源发电几乎不产生温室气体（如二氧化碳），对缓解气候变化和减少环境污染具有重要意义。
- 资源可持续：不依赖化石燃料，且不存在资源枯竭风险。
- 提升能源自给率：依托本地自然资源，减少对进口燃料的依赖，对能源自给率较低的国家（如日本）尤为重要。

2. 缺　点

- 发电稳定性不高：可再生能源受自然条件影响较大，如太阳能依赖日照，风力发电依赖风速，导致发电量波动。
- 初始投资成本高：尽管技术进步已降低成本，建设可再生能源设施（如光伏电站、风电场）的初始投资仍较高。
- 土地与生态影响：部分可再生能源项目（如大型水电或风电场）可能占用土地或影响当地生态，需合理规划。

第 58 讲 半导体在太阳能发电中的重要性

可再生能源 ///　　　☑空穴　☑单元　☑电力调节器

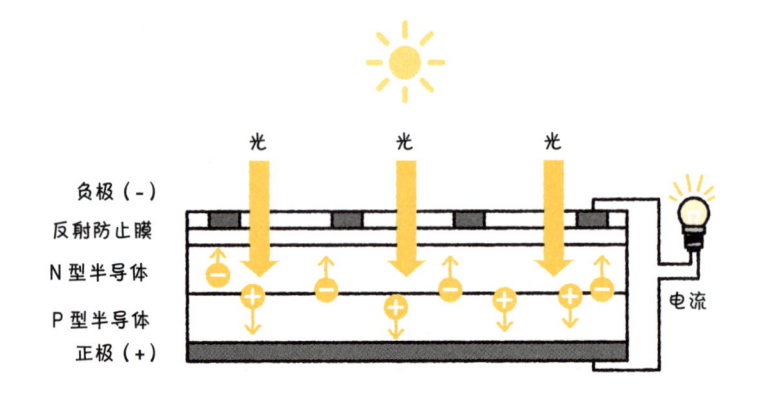

```
负极(-)
反射防止膜
N 型半导体
P 型半导体
正极(+)
```
光　光　光
电流

太阳能电池的结构与工作原理

太阳能电池（光伏电池）由 **P 型**半导体和 **N 型**半导体层叠组成，二者接触界面形成 PN 结。当太阳光照射 PN 结时，光子能量激发半导体中的电子跃迁，产生**电子 - 空穴**。空穴（带正电荷的电子空位）被吸引至 P 型半导体，电子（带负电荷）被吸引至 N 型半导体。若在电池表面和背面连接电极并接入负载，即可形成电流，实现发电。

太阳能电池的效率和性能直接依赖于半导体材料的特性。根

第 58 讲 半导体在太阳能发电中的重要性

据材料,太阳能电池主要分为**硅基太阳能电池**、**化合物半导体太阳能电池**、**有机太阳能电池**三类。

家用太阳能发电系统

家用太阳能发电系统将太阳能转化为可供家庭使用的电能,其主要组成部分如下。

太阳能电池模块:即光伏组件或太阳能电池板,由多个太阳能电池单元排列组合而成,封装后具有防水、防尘等功能。模块将太阳光转化为直流电,是系统的核心发电单元。

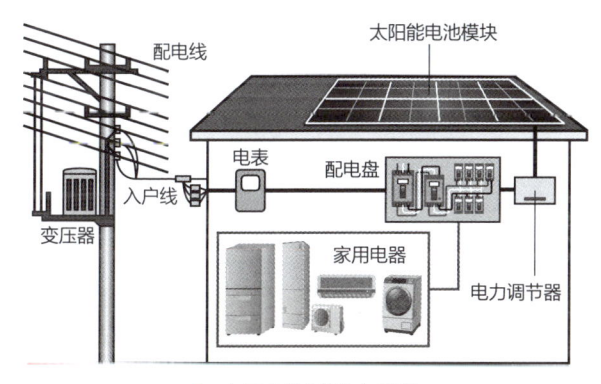

▲ 家用太阳能发电系统

电力调节器:即逆变器,将太阳能电池模块产生的直流电转换为家用电器所需的交流电,主要功能如下。

- 最大功率点追踪(MPPT):自动优化电压和电流组合,确保在不同光照条件下实现最大发电量。
- 电网同步与保护:监控电压和频率,在电网故障或停电时自动切断连接,保障安全。
- 独立运行功能:在停电时利用光伏发电为特定设备供电,增强灾害应对能力。

第59讲 风力发电：结构复杂的清洁能源

可再生能源 /// ☑变桨控制 ☑偏航控制 ☑维护

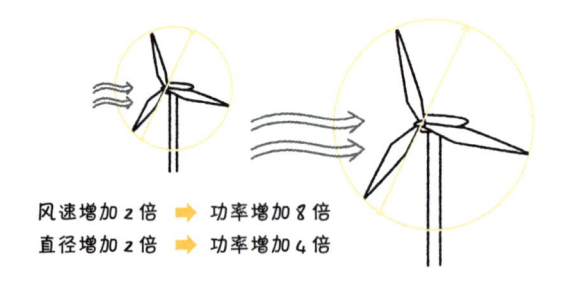

风速增加 2 倍 ➡ 功率增加 8 倍
直径增加 2 倍 ➡ 功率增加 4 倍

风力发电机的结构

风力发电通过风能驱动叶片旋转，将机械能转化为电能，是重要的可再生能源技术。目前主流的风力发电机为**水平轴螺旋桨型**，其结构复杂但高效，主要组成部分如下。

① **叶片**：风力发电机的核心受风部件，通常采用三叶片设计，以平衡效率和稳定性。材质主要为玻璃纤维增强塑料（GFRP），具有轻质、高强度和耐腐蚀特性。叶片长度可达数十米，设计须优化气动性能以最大化风能捕获。

② **变桨控制系统**：根据风速动态调整叶片迎风角度（桨距角）：低风速时增大迎风角度，捕获更多风能；高风速时减小迎风角度，限制风能输入，防止过载或机械损伤。

第 59 讲 风力发电：结构复杂的清洁能源

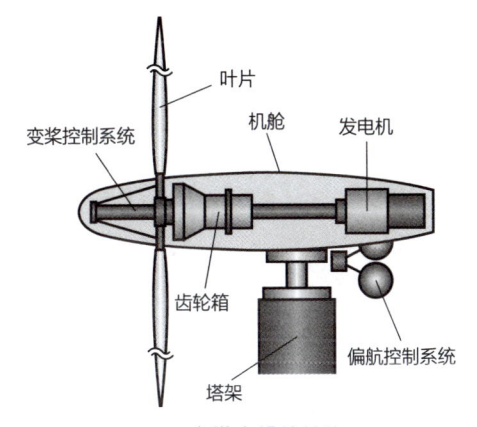

▲ 风力发电机的结构

③ **齿轮箱**：将叶片的低速（通常为 10~20r/min）增至发电机所需的高速（1000~1500r/min）。部分现代风力发电机采用直驱技术，省去齿轮箱以降低维护成本。

④ **发电机**：将叶片的旋转机械能转化为电能，通常为异步发电机或永磁同步发电机。其输出电能通过变流器整流后接入电网。

⑤ **偏航控制系统**：通过传感器和电动机调整风力发电机朝向，使叶片始终正对风向，最大化风能利用。系统依赖风向数据，水平旋转机舱以对准风。

⑥ **机舱**：风力发电机的核心部件集成区域，容纳齿轮箱、发电机、变桨控制系统等。机舱具有防水、防尘和隔音功能，并设有维护人员进入的通道。

⑦ **塔架**：支撑机舱和叶片，通常为钢制圆柱结构，高数十米或百米。内部设有梯子或简易电梯供维护人员上下，以及输电电缆将电能输送至地面。

⑧ **辅助系统**：包括制动系统、风向风速计、防雷系统、冷却系统等。

第60讲 地热发电——利用地下热能

可再生能源 ///　　☑岩浆　☑地热储层　☑蒸汽　☑热水

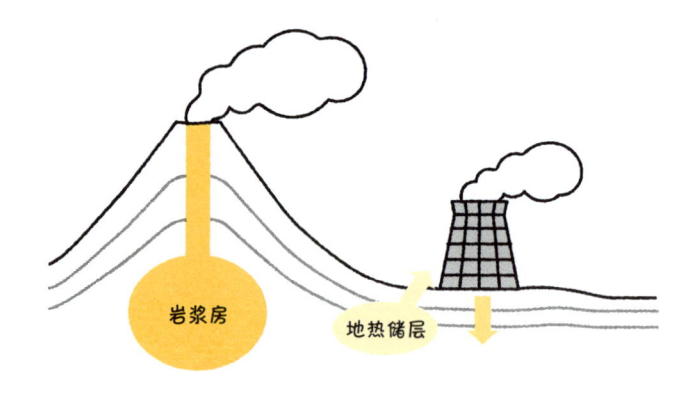

地热储层与发电原理

　　日本拥有 111 座**活火山**，地热资源丰富，资源量位居世界第三，仅次于美国和印度尼西亚。

　　地热储层位于火山地带地下数公里处，由高温岩浆或地热异常加热的热水和蒸汽积聚形成。雨水或地下水渗入地壳，被岩浆或高温岩体加热，生成高温高压的热水或蒸汽。地热发电通过钻井提取这些热能资源，替代火力发电中的锅炉，驱动发电系统。

　　地热发电系统的基本原理如下。

第 60 讲 地热发电——利用地下热能

通过**生产井**从地热储层提取的高温高压热水和蒸汽，经**汽水分离器**分离出蒸汽用于发电，而热水通过回灌井注入地下，以防止地表污染并维持储层压力。分离出的高温高压蒸汽驱动**蒸汽轮机**旋转，进而带动**发电机**发电。使用过的蒸汽在**冷凝器**中被冷却水（通常来自冷却塔）冷却，凝结为液态水，部分循环作为冷却水，部分回灌地下，完成循环。

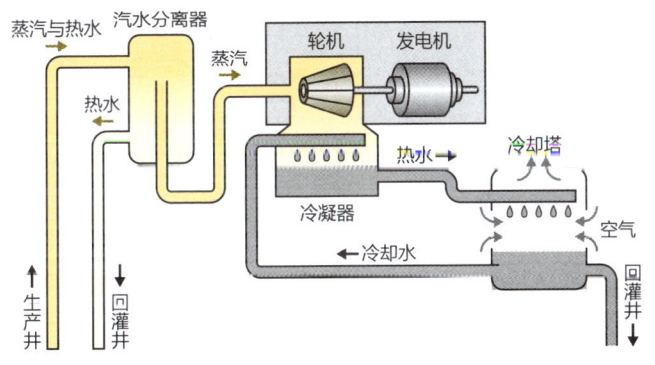

▲ 地热发电的基本原理

地热发电的优缺点

作为一种清洁能源，地热发电几乎不产生二氧化碳排放，依托地壳热能，资源近乎无限，具备可持续性。其发电过程不受天气、季节或昼夜变化影响，**发电量稳定**，优于太阳能和风能。此外，地热能还可用于供暖、农业或温泉设施，提升综合效益。

然而，地热发电的选址受限，适宜地点多位于国家公园或温泉地，需协调环境保护与开发利益。高前期成本也是一大挑战，地质勘探和钻井建设费用高昂，投资回收周期较长。同时，地质风险不可忽视，需详细调查以评估储层规模和可持续性，存在开发失败的可能性。

第61讲 日本随处可见的电线杆和电线

电网 /// ☑电线杆　☑埋设深度　☑脚手架螺栓

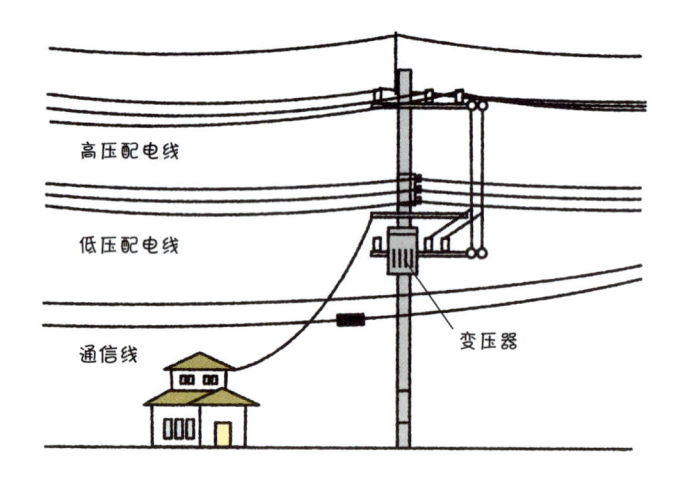

高压配电线
低压配电线
通信线
变压器

各种用途的电线杆

我们平时看到的电线杆上挂着许多电线，看起来都差不多，但其实，它们的用途并不完全相同。除了输送电力的电线（如高压配电线、低压配电线），还有用于通信的各种线路。根据所承载线路的种类，电线杆可以分为电力杆、通信杆、共用杆。

此外，根据材质，电线杆还可以分为木杆、混凝土杆、钢管杆。

第 61 讲　日本随处可见的电线杆和电线

电线杆的施工

　　电线杆的高度通常由电线悬挂高度决定，从 6m 至 16m 不等。为确保稳定性，电线杆需将总长的约 1/6 埋入地下——**根深埋设**。例如，一根 12m 长的电线杆，埋设深度约为 2m，地面以上高度为 10m。

　　为防止电线杆倾倒，施工时应采取稳固措施。

- 平衡拉力：如图 (b) 所示，当电线杆两侧电线施加的拉力相等时，电线杆可保持平衡，无须额外支撑。
- 拉线：如图 (c) 所示，当电线杆仅一侧受电线拉力时，需安装拉线或支架以防止倾倒。拉线通过地锚固定，平衡单侧拉力。

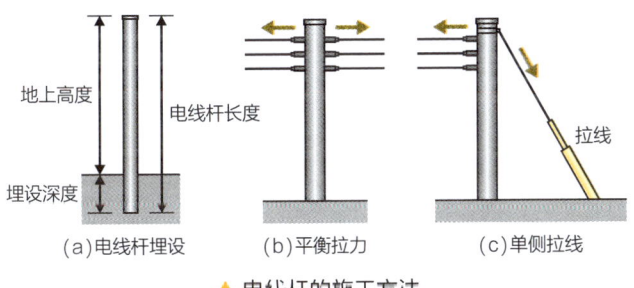

(a) 电线杆埋设　　(b) 平衡拉力　　(c) 单侧拉线

▲ 电线杆的施工方法

脚手架螺栓

　　为便于维护人员攀爬电线杆进行检修，电线杆上安装有**脚手架螺栓**。在混凝土电线杆上，脚手架螺栓通常为螺旋状铁制构件，沿电线杆两侧交错排列，形似梯形踏板。

　　为确保安全，脚手架螺栓的安装高度不得低于 1.8m，以防止非专业人员攀爬。

145

第 62 讲 从发电到家庭用电

电网 /// ☑ 变电站　☑ 配电线　☑ 输电损失

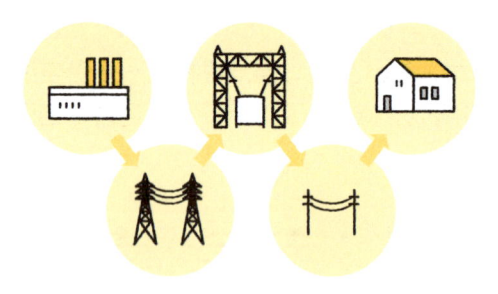

电力的传输路径

电力从发电站产生，经过多级变压和传输，最终到达用户端。

1. 输电起点：发电站与初级变电站

电力源于**发电站**，包括火力发电站、水力发电站、核电站等。发电站通常产生数千伏至 2 万伏的电压。为减少传输过程中的能量损失，电力在发电站内或附近**变电站**通过升压变压器升至超高压（275～500kV），随后通过**输电线**输送至远方。

2. 输电线、变电站和配电网络

输电线：超高压电力通过高压输电线传输至途中的区域变电站，电压逐步降至中压（如 66kV 或 110kV）。

配电用变电站：在中压变电站，电压进一步降至 6.6kV，通过配电线输送至用户端。

柱上变压器：对于家庭用户，配电线上的 6.6kV 电力通过柱上变压器降至 100V 或 200V（日本家用标准电压），供家用电器使用。工厂或大型建筑可直接使用 6.6kV 电力。

电力传输系统通过电气连接形成闭合网络，确保电力全年无休、瞬时传递。由于电的传播速度接近光速，电力从发电站到家庭几乎无延迟。

高压输电的原理与优势

输电过程中，电力因输电线电阻而产生输电损失，部分电能转化为热能散失。**输电损失**与电流的平方成正比（$P = I^2R$）。通过提高输电电压，可显著减小电流，从而减少损失。

- 若电压提高 10 倍，电流减小至 1/10，输电损失将降至 1/100。

20 世纪 50 年代，日本输电损失高达 25%，即 1/4 电能在途中散失。随着输电设备高压化（如 500kV 超高压线路的应用），现代输电损失已降至约 5%，效率显著提升。

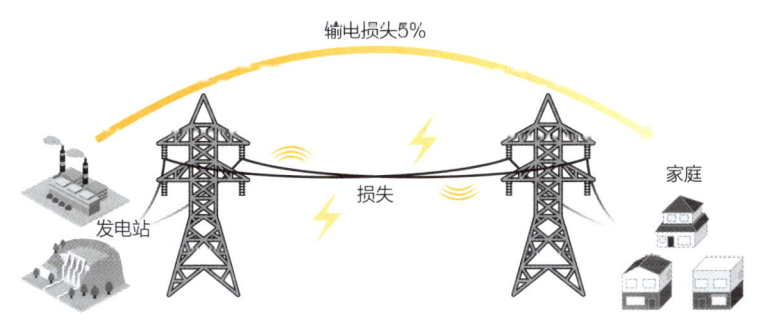

▲ 输电损失

第63讲 电力频率的调控机制

电力网络 ///　　☑发电机转速　☑供电备用能力　☑输出功率

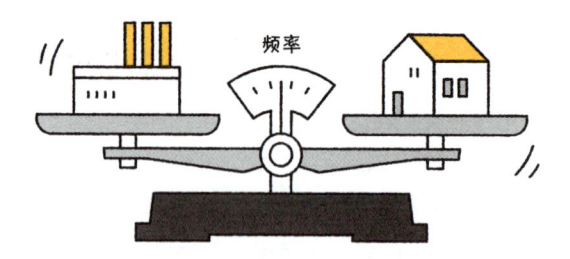

电力频率的特性

　　电力公司提供的交流电，频率通常为 50Hz 或 60Hz，具体取决于地区（如东日本为 50Hz，西日本为 60Hz）。**频率与发电机的转速成正比**：

$$f = \frac{P \cdot N}{120}$$

式中，f 为频率；P 为磁极对数；N 为转速。

　　固定频率意味着发电机以恒定转速运行。然而，电力需求随时间波动，导致发电机转速和频率发生变化：用电量激增时，发电机负载加重，转速下降，频率降低；用电量下降时，负载减轻，转速升高，频率升高。

第63讲 电力频率的调控机制

一般而言，电力需求与供给平衡偏差 10% 时，频率波动约 1Hz。例如，50Hz 系统可能降至 49Hz 或升至 51Hz。

频率调控

频率波动可能导致工业设备运行异常或家用电器故障，因此需将频率稳定在标准值（±0.1Hz 以内）。频率调控方式如下。

- **动态调整发电输出**：电力公司根据实时需求调整发电站的输出功率，确保供需平衡。
- **负荷预测与调度**：电力需求受气温、天气、季节和时间段（如白天与夜间）影响，电力公司通过负荷预测模型提前规划发电量，优化火力、水力等电站的运行。
- **供电备用能力**：为应对突发需求（如高温天气）或设备故障，系统需保留备用容量（通常为最大需求的 8%～10%），其中约 3% 用于频率稳定，其余用于防止停电。

火力发电站的频率调控，主要通过调整蒸汽轮机的输出功率实现：增加或减少锅炉的燃料输入（如煤炭、天然气）和给水量，调节蒸汽生成量；通过控制阀门调节蒸汽流量，精确调整蒸汽轮机的转速，从而稳定发电机输出功率和频率。

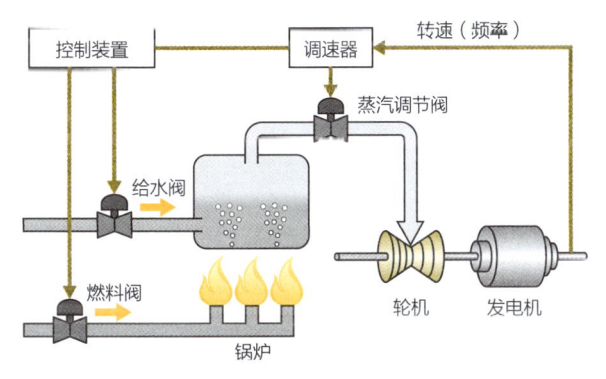

▲ 火力发电的频率调控

第 64 讲 日本电网频率不统一的成因

电网 /// ☑发电机 ☑频率标准 ☑电网互联

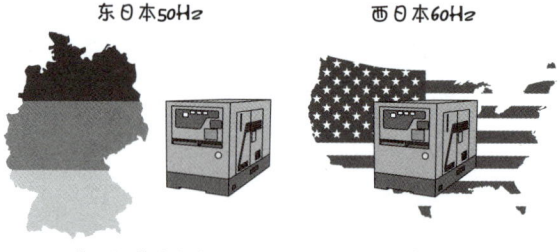

东日本 50Hz　　　西日本 60Hz

德国制造的发电机　　美国制造的发电机

日本电网频率的东西差异

全球交流电频率通常为 50Hz 或 60Hz，但日本是少数同时使用两种频率的国家。以富士川（静冈县）和糸鱼川（新潟县）为界，东日本使用 50Hz，如东京、北海道；西日本使用 60Hz，如大阪、九州。

这种一国两频的独特现象源于历史和技术原因，在全球范围内极为罕见。

频率差异的历史根源

日本电网频率差异始于明治时代（19 世纪末至 20 世纪

初），当时日本电力工业刚起步，缺乏自主制造发电设备的能力，需从国外进口。

- 东日本（以东京为中心）：从德国进口发电设备，采用50Hz频率，符合当时欧洲标准。
- 西日本（以大阪为中心）：从美国进口发电设备，采用60Hz频率，符合北美标准。

由于发电机的频率由其设计决定（与磁极数和转速相关），50Hz和60Hz的设备互不兼容。随着电力系统扩展，东京和大阪的频率标准分别向东、西日本扩散，形成今日的区域分界。

频率差异带来的问题

- 家电兼容性：家电产品需标明支持的频率（如"50/60Hz"表示兼容东西日本）。仅标"50Hz"或"60Hz"的设备在非对应地区可能无法正常工作，或性能受限（如电动机转速变化、时钟计时偏差）。
- 电网互联：东西日本电网频率不同，需通过变频站（如静冈县的富士川变频站）使用直流转换技术（HVDC）实现电力交换，增加了运行成本和技术复杂性。

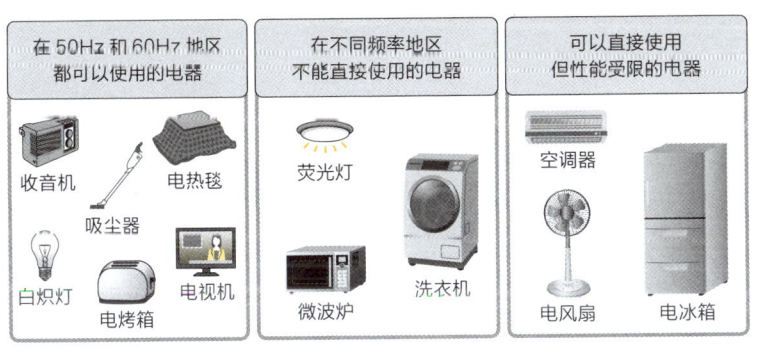

在50Hz和60Hz地区都可以使用的电器	在不同频率地区不能直接使用的电器	可以直接使用但性能受限的电器
收音机、电热毯、吸尘器、白炽灯、电视机、电烤箱	荧光灯、微波炉、洗衣机	空调器、电风扇、电冰箱

▲ 家电产品与频率

第65讲 停电的类型、原因与应对

电网 ///　　　☑输电　☑瞬时　☑电气火灾

停电种类

停电是指电力系统因故障或其他原因中断供电,导致家庭、企业等用户无法使用电力。除了设备故障引发停电,**电力公司也可能因安全需要主动实施停电**。根据持续时间和原因,停电可分为以下三种类型。

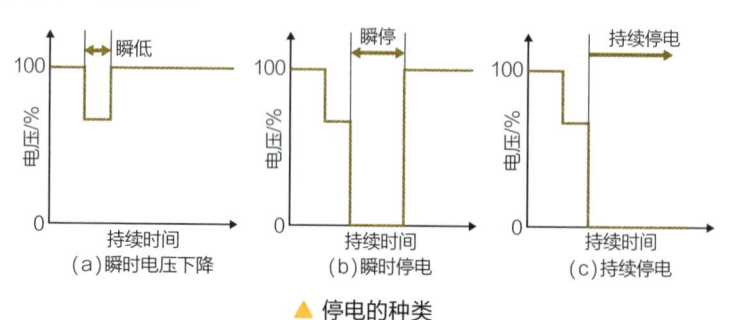

(a) 瞬时电压下降 — 瞬低
(b) 瞬时停电 — 瞬停
(c) 持续停电 — 持续停电

纵轴:电压/%(100) 横轴:持续时间

▲ 停电的种类

第 65 讲 停电的类型、原因与应对

1. 瞬时电压下降（瞬低）

- 定义：电压短时间内（0.07~2s）低于正常值，称为"瞬时电压下降"（简称"瞬低"）。
- 原因：主要由雷击、暴雪等自然现象引发，干扰输电线路的稳定运行。
- 影响：可能导致敏感设备（如计算机）运行异常，但通常不完全中断供电。

2. 瞬时停电（瞬停）

- 定义：电力公司为保护系统，在瞬时电压下降后主动切断供电（电压降至零），持续时间 1~60s，称为"瞬时停电"（简称"瞬停"）。
- 原因：如雷击输电线路时，电力公司通过保护装置暂时断开受影响线路，随后尝试恢复供电。
- 影响：因属主动操作，电力公司不将其视为正式停电，但可能影响家电运行。

3. 持续停电

- 定义：因输电线路或设备故障，电压无法恢复，供电中断超过 1min，称为"持续停电"。
- 原因：如电线断裂、电线杆倒塌等，需修复后恢复供电。
- 影响：对用户生活和生产造成较大干扰，恢复时间视故障严重程度而定。

停电的主要原因

停电由多种自然或人为因素引发，日本年户均事故停电约 0.15 次，低于全球平均水平。

第 4 章
从发电到用电

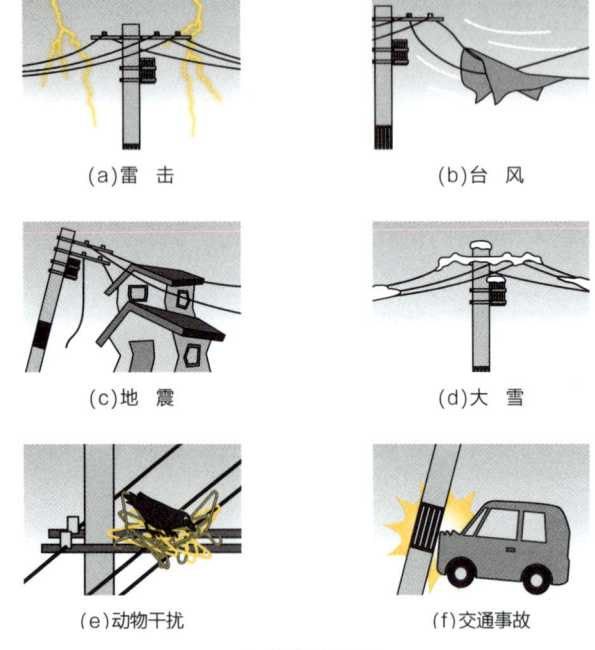

(a) 雷击

(b) 台风

(c) 地震

(d) 大雪

(e) 动物干扰

(f) 交通事故

▲ 停电的原因

- 雷击：雷电击中电线、变压器等设备，引发短路或设备损坏，导致停电。
- 台风：强风吹落屋顶铁皮（镀锌钢板）缠绕电线，或暴雨引发的泥石流导致电线杆倒塌，造成电线断裂。
- 地震：地震震动、泥石流或土壤液化导致电线杆倒塌或电线断裂。
- 大雪：积雪压断电线，或致电线间接触引发短路。
- 动物干扰：鸟类、蛇等动物接触电线或金具引发短路；乌鸦筑巢时携带的铁丝可能导致线路故障。
- 交通事故：车辆撞击电线杆导致倒塌或电线断裂。

停电恢复流程

恢复供电需快速定位和修复故障,具体步骤如下。

① 故障定位:从变电站开始,逐步向外输送电力,检测故障区域。非故障区域可优先恢复供电。

② 现场修复:技术人员检查受损电线杆、线路或设备,排除故障(如修复断线或更换变压器)。

③ 电力恢复:确认故障排除后,逐步恢复供电。

停电的二次灾害与预防

停电期间,电器设备可能引发二次灾害,尤其在地震等灾难场景下。

- **电气火灾**:恢复供电时,未关闭的电熨斗、电炉等设备可能因漏电或接触易燃物引发火灾;地震导致的物品倒塌可能加剧风险。

- **预防措施**:停电或疏散时,关闭总断路器,切断家庭电路,防止恢复供电时的意外;定期检查电器安全性和线路状况也至关重要。

▲ 通电火灾

专栏6　锂电池与诺贝尔化学奖

元素周期表按原子序数排列，氢（H，原子序数1）、氦（He，原子序数2）之后是锂（Li，原子序数3）。氢和氦为非金属气体，锂则是最轻的金属元素（原子量约6.94u）。由于电池需使用金属作为电极或导体，锂的低密度使其成为轻量化电池的理想材料。

从20世纪70年代起，全球对锂离子电池的研究迅速升温。得益于其高能量密度和可充电特性，锂离子电池于90年代实现实用化，广泛应用于手机、笔记本电脑等便携设备。

1 H 氢																	2 He 氦
3 Li 锂	4 Be 铍											5 B 硼	6 C 碳	7 N 氮	8 O 氧	9 F 氟	10 Ne 氖
11 Na 钠	12 Mg 镁											13 Al 铝	14 Si 硅	15 P 磷	16 S 硫	17 Cl 氯	18 Ar 氩
19 K 钾	20 Ca 钙	21 Sc 钪	22 Ti 钛	23 V 钒	24 Cr 铬	25 Mn 锰	26 Fe 铁	27 Co 钴	28 Ni 镍	29 Cu 铜	30 Zn 锌	31 Ga 镓	32 Ge 锗	33 As 砷	34 Se 硒	35 Br 溴	36 Kr 氪

▲ 元素周期表

锂的高化学活性是实用化的主要障碍。锂易与水或空气中的氧气反应，可能引发燃烧或爆炸，增加了电池设计的难度。尽管轻量化是锂的优势，但其高反应性要求电池系统具备严格的密封和保护机制，如使用非水电解质和隔膜来防止短路或过热。

通过持续研究，科学家克服了锂的活性问题，成功开发出安全、高效的锂离子电池。2019年，约翰·B·古迪纳夫（John B.Goodenough）、M·斯坦利·惠廷厄姆（M.Stanley Whittingham）和吉野彰（Akira Yoshino）因在锂离子电池领域的开创性贡献而荣获诺贝尔化学奖。

第 5 章 电在各领域的广泛应用

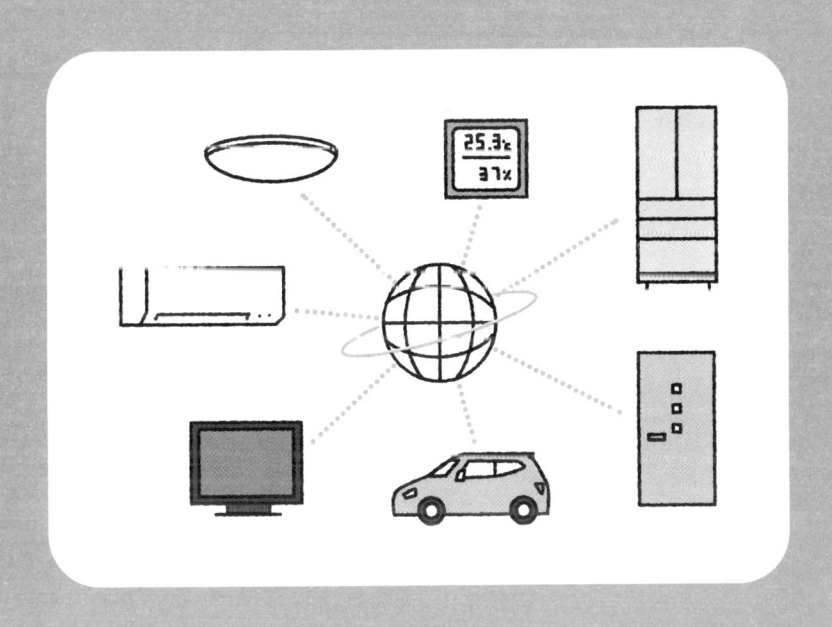

第 66 讲 身边的半导体：现代科技基石

半导体技术 ///　　☑印制电路板　☑工业粮食　☑数字化

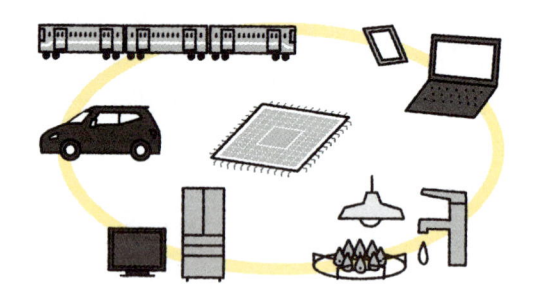

半导体的形态与作用

半导体常以小型、薄片状的集成电路（IC）芯片形式出现，尺寸小到难以用手指捏起，表面伸出细小的引脚用于电气连接。芯片通常安装在**印制电路板（PCB）**上，与其他电子元件协同工作。

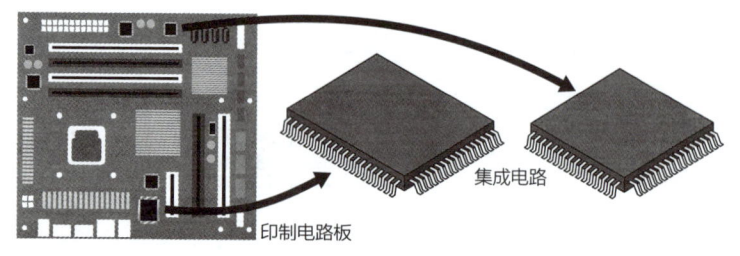

印制电路板　　　　集成电路

▲ 半导体的形态

第 66 讲　身边的半导体：现代科技基石

半导体因其在电子、信息和能源领域的广泛应用，被誉为"工业粮食"，是支撑现代科技和产业的基石。

半导体在生活中的应用

1. 家庭中的半导体

- 数码相机：内置图像传感器（如 CMOS 或 CCD，均为半导体器件），将光信号转化为数字图像，便于拍摄和存储。
- LED 照明：发光二极管（LED）由半导体材料（如氮化镓）制成，具有高效、低耗和长寿命特性。
- 家电：电饭煲、洗衣机、电冰箱、空调器等通过半导体芯片（如微处理器）实现智能化控制，扮演"设备大脑"的角色。

2. 家庭外的半导体

- 交通系统：火车运行控制系统依赖半导体芯片实现信号处理和调度。
- 金融设备：自动取款机（AIM）使用半导体芯片确保交易安全和高效。
- 通信网络：互联网、5G 通信依赖半导体芯片（如基带处理器）实现高速数据传输。
- 医疗设备：如 CT 扫描仪和超声设备，半导体芯片支持高精度信号处理，提升诊断质量。

随着数字化和智能化加速（如物联网、人工智能），半导体需求持续增长。然而，建设半导体工厂（晶圆厂）需数十亿美元投资，周期长达数年。正因如此，"全球半导体短缺"屡有报道。

第 67 讲 什么是半导体？

半导体技术 ///　　☑硅　☑掺杂半导体　☑N型·P型

可控导电性的物质

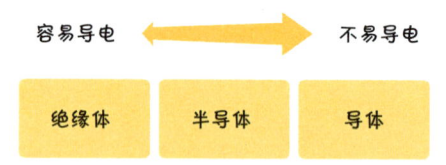

容易导电 ←——→ 不易导电

| 绝缘体 | 半导体 | 导体 |

半导体的性质

物质按导电性可分为**导体**、**绝缘体**和**半导体**。导体（如铜）含有大量自由电子，易导电；绝缘体（如玻璃）的电子与原子核结合紧密，缺乏自由电子，难以导电。半导体介于两者之间，其导电性可通过外部条件（如温度、掺杂或电场）调控，表现为导体或绝缘体。这一特性使半导体成为控制电子设备的核心材料，广泛应用于计算机、手机、太阳能电池等领域。

半导体的结构

半导体的导电性取决于其原子结构和电子行为。以**硅（Si）**为例，作为最常用的半导体材料，硅在地壳中的含量仅次于氧，储量丰富且易于加工，适合大规模制造半导体器件。

1. 硅的原子结构

硅原子最外层有 4 个价电子，通过共价键与邻近原子共享电子，形成稳定的晶体结构。在纯硅（本征半导体）中，电子被共价键束缚，缺乏自由电子，导电性较差，接近绝缘体。

2. 掺杂半导体

通过掺杂向纯硅中引入微量杂质，可改变其导电性，形成掺杂半导体（或称不纯物半导体）。

- **N 型半导体**：掺入五价元素（如磷，P），其多余的价电子成为自由电子。自由电子增加，使 N 型半导体具有良好的导电性。
- **P 型半导体**：掺入三价元素（如硼，B），因缺少一个价电子，在晶格中形成空穴。空穴表现为带正电荷的电子空位，吸引邻近电子填充，引发电子移动，形成电流。

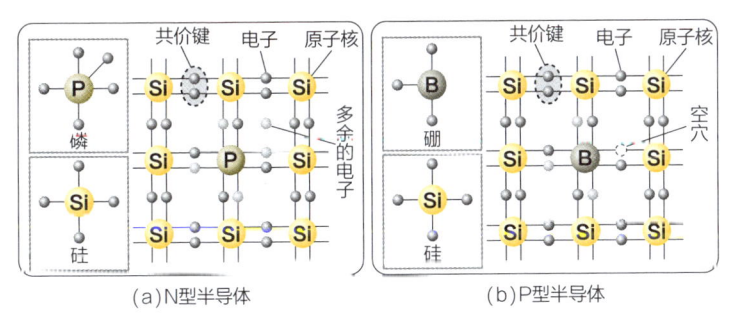

▲ 半导体的结构

3. 空穴的导电机制

空穴并非实际粒子，而是电子移动后留下的空位。电子从一个空穴移到另一个空穴时，空穴沿相反方向"移动"，等效于正电荷流动。这种电子–空穴对的运动使 P 型半导体具备导电能力。

第 68 讲 LED——高效环保的光源

半导体技术 /// ☑发光二极管 ☑能级 ☑带隙

LED 的特性

LED（**发光二极管**，light emitting diode）是一种将电能直接转化为光能的半导体器件。LED 通电即可发光，其颜色（如红、蓝、绿）由所用半导体材料决定。相较传统光源（如白炽灯、荧光灯），LED 具有长寿命、低能耗、小型化、环保、耐冲击等优势，广泛应用于照明设备、交通信号灯、电子显示屏等领域。

长寿命	小型化	低能耗
调光和闪烁自由	LED	瞬间点亮
无汞	红外线和紫外线少	高亮度

▲ LED 的特性

LED 的发光原理

LED 由 P 型半导体（含空穴，带正电荷）和 N 型半导体（含自由电子，带负电荷）组成，形成 PN 结。其发光过程如下。

第 68 讲　LED——高效环保的光源

- 施加电压：P 型半导体接正极（+），N 型半导体接负极（-），形成电场。
- 载流子迁移：空穴从 P 型向 N 型移动，自由电子从 N 型向 P 型移动，在 PN 结附近相遇。
- 复合发光：电子与空穴复合，电子从**高能级（导带）**跃迁至**低能级（价带）**，释放的能量以光子形式发射，产生光。

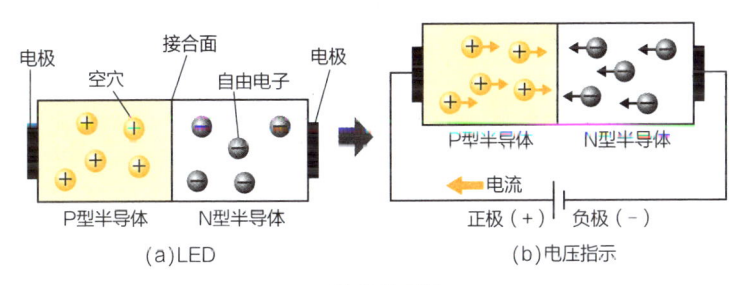

(a) LED　　　　　　(b) 电压指示

▲ 发光的原理

LED 颜色的来源

LED 发光颜色取决于半导体材料的**带隙**。

- 红色 LED：如砷化镓（GaAs）或磷化镓（GaP），带隙较小，发红光。
- 绿色 LED：如氮化镓（GaN）掺杂特定元素，发绿光。
- 蓝色 LED：基于氮化镓（GaN），带隙较大，发蓝光。

白色 LED 并非直接发白光，而是通过以下方式实现。

- 蓝色 LED+ 黄色荧光粉：蓝色 LED 激发荧光粉发黄光，二者叠加形成白光，广泛用于照明。
- ROD 组合：红、绿、蓝三色 LED 混合，精确控制比例生成白光，常用于显示屏。

163

第 69 讲 变频技术：家电节能的关键

半导体技术 /// ☑整流 ☑滤波 ☑逆变

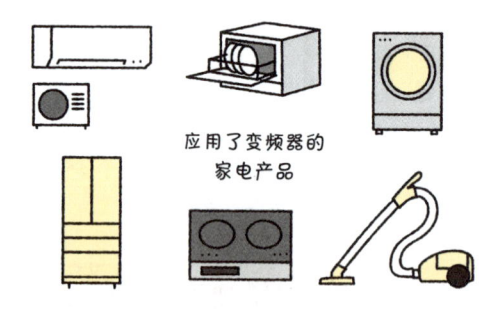

应用了变频器的家电产品

变频器的作用

变频器是一种通过调节电源频率和电压实现电动机转速控制的电子装置，广泛应用于空调器、电冰箱、洗衣机和电磁炉中。

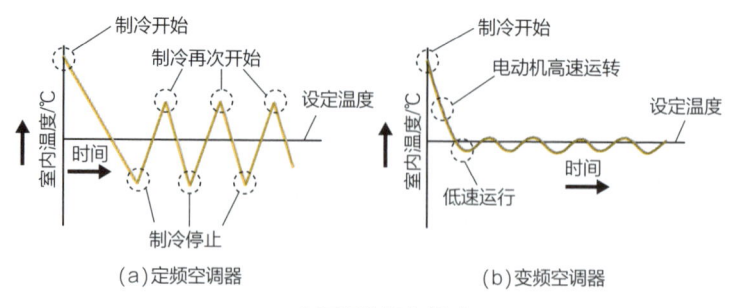

(a) 定频空调器

(b) 变频空调器

▲ 空调器的运行模式

第 69 讲 变频技术：家电节能的关键

以空调器为例，定频空调器通过"开 – 停"方式控制压缩机运行。当室内温度低于设定值时，压缩机停止；温度升高时，压缩机重新启动。这种频繁启停导致温度波动大，启动时电流冲击大，耗电量大，效率低下。

变频空调器通过变频器动态调整压缩机转速。启动时高速运行以快速达到设定温度，随后转为低速维持温度稳定，并根据室内温度变化实时调节转速。相较于定频空调器，变频空调器减少了启停次数，降低了能耗，室内温度更稳定，舒适性更高。

变频器的工作原理

变频器将固定频率的交流电转换为可调频率的交流电。

- **整流**：将家用插座提供的 50Hz 或 60Hz 交流电（AC）转换为直流电（DC）。
- **滤波**：整流后的直流电含有残余波动（脉动），通过滤波电容器平滑为稳定的直流电。
- **逆变**：通过逆变电路（如 IGBT）将直流电转换为任意频率的交流电，输出给电动机。变频器同时根据负载需求调整输出电压，确保电动机高效运行。

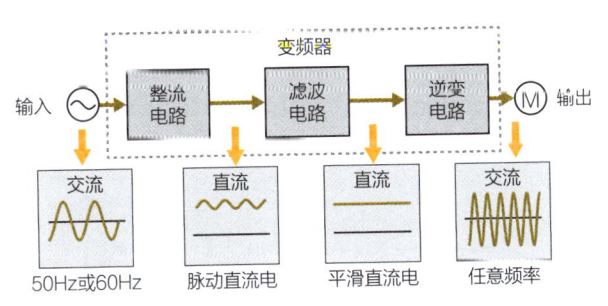

▲ 变频器的工作原理

第 70 讲 模拟信号与数字信号的区别

信息通信技术 ///　　☑ 连续　　☑ 离散　　☑ 采样　　☑ A/D 转换

10 时 00 分 25 秒 0542…　　　　10 时 00 分

模拟信号与数字信号的特性

- 模拟信号：表示**连续**变化的数据，值在时间轴上平滑过渡，无明显中断。例如，声音、温度或光强的自然变化通常以模拟信号形式存在。

- 数字信号：表示**离散**的数据，值以不连续的、有限的数值（通常为二进制 0 和 1）表示。

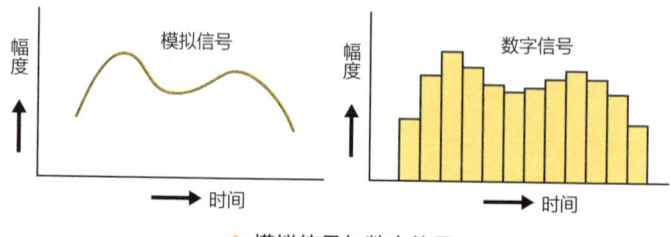

▲ 模拟信号与数字信号

第 70 讲 模拟信号与数字信号的区别

以时钟为例，模拟时钟的分针和秒针连续旋转，可精确表示任意时刻，甚至是两分钟之间的中间时间；数字时钟以固定数字（如"12:34:56"）显示时间，仅能表示离散时刻，无法直接反映秒与秒之间的连续变化，即使精确到毫秒。

自然界中的现象（如声音、图像）大多为模拟信号，但计算机和现代电子设备以数字信号处理数据，因此需要将模拟信号转换为数字信号。

数字化：A/D 转换的过程

将模拟信号转换为数字信号的过程被称为"模数转换"（A/D 转换），主要步骤如下。

① **采样**：以固定时间间隔（采样频率）提取模拟信号的瞬时值，生成离散样本。根据奈奎斯特-香农采样定理，采样频率需至少为信号最高频率的 2 倍，以避免信息丢失。例如，音频信号最高频率 20 kHz，需至少 40kHz 采样率。

② **量化**：将采样得到的连续值映射到有限的离散数值级别，如 8 位量化提供 256 个级别。量化级别越多，信号精度越高，但数据量也越大。

③ **编码**：将量化后的数值转换为计算机可处理的二进制代码，如 0 和 1 的序列。例如，量化值"128"可编码为 8 位二进制"10000000"。

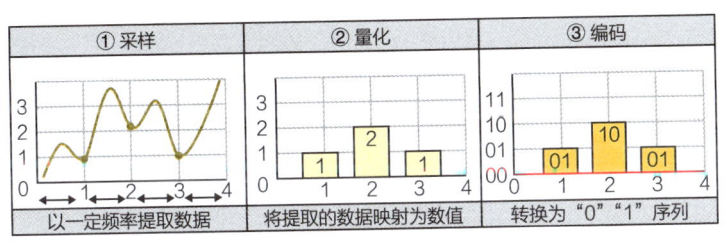

▲ A/D 转换

第 71 讲 从电缆到光缆：通信技术革命

信息通信技术 ///　　☑光通信　☑中继器　☑光纤

光通信的原理与优势

光通信利用光纤传输光信号，与传统铜缆（电通信）使用电信号不同。**光信号**通过光纤中的全反射传播，取代了铜缆中的电流传输。光通信因其显著优势，已广泛应用于从海底光缆到家庭宽带的各类场景。

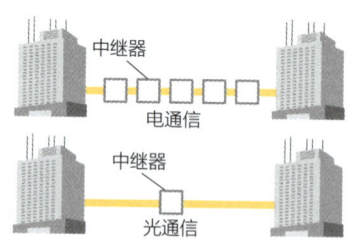

▲ 传输距离

1. 传输距离长

光信号在光纤中的衰减远低于电信号在铜缆中的损耗（光纤衰减约 0.2dB/km，铜缆为 10~20dB/km）。因此，远距离光通信（如跨洋通信）所需中继器（信号放大设备）更少，建设和维护成本显著降低。

2. 高带宽与大数据量

光信号通过高频闪烁（可达 GHz 甚至 THz 级）传输数据，远超电信号的开关频率（MHz 级）。这赋予光通信极高的传输带宽，支持同时传输海量信息。例如，单根光纤支持数百 Gb/s 的速率，满足 5G、云计算等需求。

3. 抗电磁干扰

光纤不导电，不受电磁噪声（如雷电、电器干扰）影响，信号传输稳定且错误率低。相比之下，铜缆易受电磁干扰，导致数据错误或速度下降。

光纤的结构

光纤是光通信的核心介质，由以下部分组成。

- 纤芯：光信号传播的主要通道，通常由高折射率的石英玻璃或塑料制成，直径 5~50μm。
- 包层：围绕纤芯的低折射率层，使光信号通过全反射在纤芯内传播，避免泄漏。
- 保护层：纤芯和包层脆弱，需用硅树脂（缓冲层）和尼龙树脂（外护套）包裹，增强机械强度和耐久性。

多根光纤芯线集合并加装保护层（如防水、防腐材料），形成适用于室内外环境的光缆，广泛用于长距离通信和本地网络。

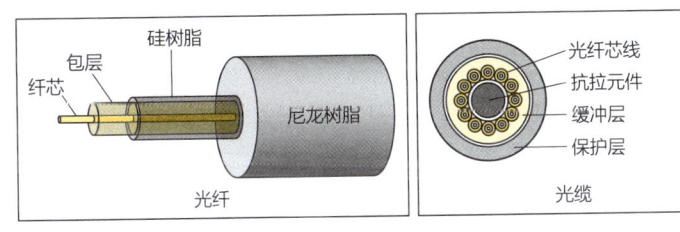

▲ 光缆的结构示例

第 72 讲 5G 移动通信：连接未来的技术

信息通信技术 /// ☑高速大容量 ☑低延迟 ☑多设备连接

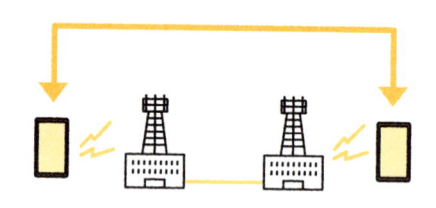

移动通信系统的发展

移动通信系统通过无线网络支持智能手机、笔记本电脑等设备的语音和数据通信，使用户能够随时随地联网。自 1979 年第一代（1G）模拟通信系统问世以来，移动通信技术不断演进，从 2G（数字化）、3G（高速数据）、4G（宽带移动互联网）到如今的 5G，每代都显著提升了通信速度、容量和用户体验。

项　目	1G	2G	3G	4G	5G
引入时期	1979 年～	1993 年～	2001 年～	2010 年～	2020 年～
制　式	各国自有制式		国际标准化		
通信方式	模拟	数字			
最大下行速率	2.4～10kb/s	11.2～28.8kb/s	0.06～14Mb/s	0.04～1Gb/s	10Gb/s
交换方式	电路交换	语音采用电路交换，数据采用分组交换		全部基于 IP（分组交换）	

▲ 移动通信系统的变迁

第 72 讲　5G 移动通信：连接未来的技术

目前，5G 已成为主流。展望未来，6G 技术的研发正在加速，预计于 2030 年左右实现商用，推动更高速、低延迟的全球通信网络。

5G 的三大特征

1. 高速大容量

5G 峰值速度可达 10Gb/s 以上（理论最高 20Gb/s），是 4G 的 10～100 倍。支持 4K/8K 超高清视频流、虚拟现实（VR）和增强现实（AR）等高带宽应用，实现无缓冲的高质量传输。

2. 超低延迟

5G 通信延迟降至 1ms 以下，约为 4G（10～20ms）的 1/10。接近实时通信，支持远程手术、自动驾驶和工业自动化等对延迟敏感的场景。

3. 多设备连接

5G 基站支持每平方公里 100 万台设备同时连接，约为 4G 的 10 倍。赋能物联网（IoT），连接智能家电（如空调器、电冰箱）、传感器、监控设备等，构建智能家居和智慧城市。

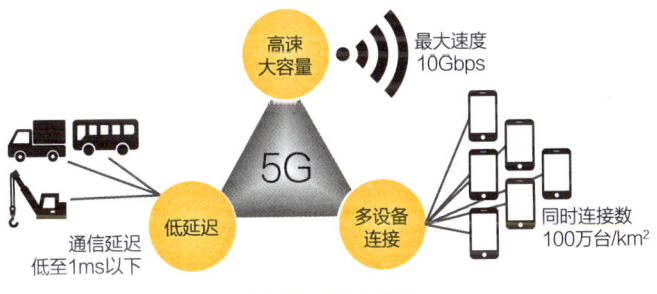

▲ 5G 的三大特征

第73讲 数据中心：现代互联网的支柱

信息通信技术 ///　　☑计算机　☑UPS　☑云计算

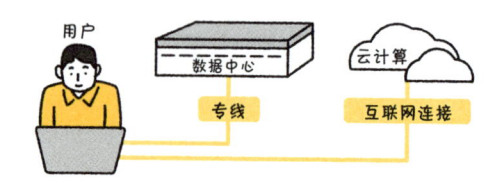

数据中心的定义与作用

　　数据中心是存放和管理大量**服务器**及其他 IT 设备的专用设施，为互联网服务、云计算和数据存储提供核心支持。它通过提供稳定的电力、通信、环境控制和安全保障，确保服务器高效、安全运行。相较于企业自建机房，数据中心具有以下优势。

- 节省空间与管理成本：企业无须自行维护复杂的基础设施。
- 高可靠性：专业化的环境和灾害应对措施降低运行风险。
- 可扩展性：支持企业根据需求灵活扩展计算资源。

数据中心的服务类型

　　数据中心的服务模式主要分为以下两种。

　　① 主机托管：用户拥有服务器，数据中心提供场地、电力和网络等基础设施。

② 主机租赁：数据中心拥有并管理服务器，用户租用计算资源或服务。

数据中心提供以下关键服务以支持服务器运行。

- 场地支持：提供服务器机架、布线空间及维护区域；配备休息室、办公区等辅助设施，方便技术人员操作。
- 电力保障：提供稳定、高质量的电力供应，满足服务器高负载需求；配备不间断电源（UPS）和备用发电机，应对停电风险。
- 高速网络连接：提供高带宽、低延迟的互联网线路，确保数据快速传输；支持冗余网络设计，提升连接可靠性。
- 环境控制：通过精密空调系统调节温度和湿度，防止服务器过热；采用高效散热技术，如冷热通道隔离，优化能效。
- 灾害防护：建筑采用抗震结构，符合地震高发地区（如日本）的安全标准；配备火灾探测与灭火系统（如气体灭火），以及入侵检测和物理安全措施。

数据中心与云计算的区别

云计算通过互联网按需提供计算资源（如服务器、存储、软件），强调灵活性和可扩展性。虽然云计算依赖数据中心的物理基础设施（服务器仍存放于数据中心），但二者有以下区别。

▼ 数据中心与云计算的区别

项　目	数据中心	云计算
服务内容	提供服务器的安装与运维场所	通过网络提供服务器的使用环境
服务器的安装、运维、管理	用户负责（主机托管） 服务商负责（主机租赁）	由服务提供商负责
软件提供	无	有

第74讲 IoT：连接万物的物联网

信息通信技术 ／／／ ☑远程操作 ☑状态监控 ☑动态检测 ☑M2M

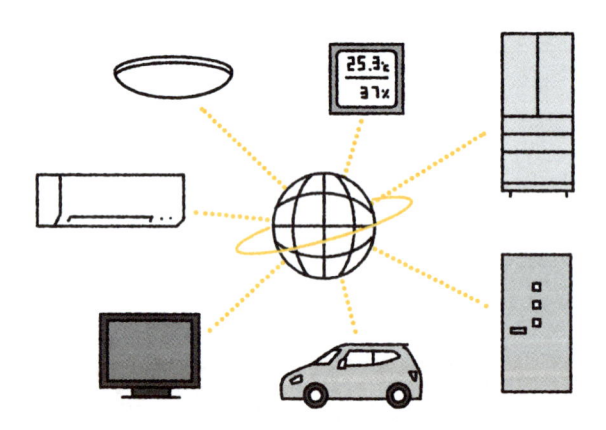

物联网（IoT）的定义

物联网（internet of things，IoT）是指通过互联网将各种物理设备（如家用电器、车辆、工业设备）连接起来，实现数据交换和智能化管理的网络系统。

过去，互联网主要服务于家庭和办公场所的计算机连接。如今，随着移动通信技术（如5G）和嵌入式系统的发展，智能手机、平板电脑以及日常"物"都能接入互联网，社会全面数字化。

IoT 的应用与功能

物联网通过传感器、通信模块和云平台，将物理世界与数字世界无缝连接，广泛应用于智能家居、智慧城市、工业 4.0 等领域。其核心功能可分为以下四类。

① **远程操作**：通过互联网远程控制设备，如使用智能手机应用程序在外出时启动家中的空调器、洗衣机或电饭煲。

② **状态监控**：实时获取远程设备的状态信息，如电冰箱的温度、工厂设备的运行参数或桥梁的结构健康。

③ **动态检测**：实时跟踪物体的运动或异常行为，如监测火车、公交车的运行状态和拥堵情况，或检测行人突然冲出马路、货架倾倒等事件。

④ **设备间通信（M2M）**：设备通过互联网自主交换信息并协同工作，如汽车接收交通信号灯数据优化路线，或通过智能音箱控制家电。

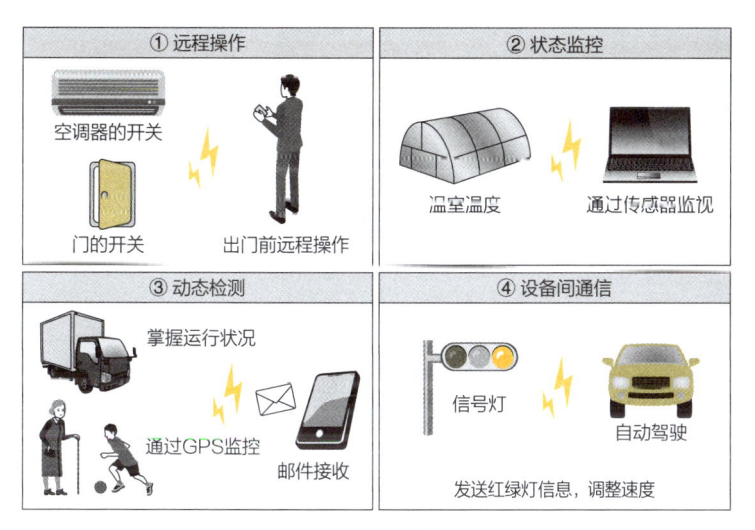

▲ IoT 的功能

第75讲 汽车电子控制：计算机驱动的智能

传感器技术 /// ☑电子控制　☑ECU　☑传感器

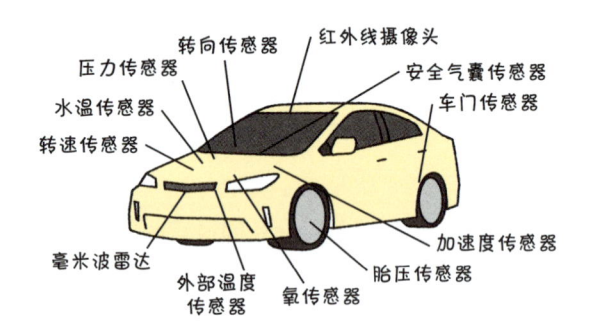

图示标注：压力传感器、转向传感器、红外线摄像头、安全气囊传感器、水温传感器、车门传感器、转速传感器、加速度传感器、毫米波雷达、外部温度传感器、氧传感器、胎压传感器

电子控制系统的定义

现代汽车的引擎、转向、变速器和刹车等关键系统均由**电子控制**系统集成管理，以实现更高的安全性、效率和舒适性。这种系统在自动驾驶和智能交通中尤为关键。电子控制系统主要由以下三部分组成。

传感器：检测车辆及环境的实时状态，如温度、车速、油门位置等，并将这些信号传送给电子控制单元（ECU）。

电子控制单元（ECU）：作为"指挥中心"，接收传感器信号，基于预设算法计算控制参数（如燃油喷射量、点火时机）。现代汽车可能搭载数十至上百个ECU，分别控制引擎、刹车、悬挂等系统。

第75讲 汽车电子控制：计算机驱动的智能

执行器：根据 ECU 指令驱动机械部件，如调节节气门、控制刹车阀或调整变速器。

执行器动作后，传感器再次检测结果并反馈至 ECU，形成动态优化循环，确保汽车在各种工况下保持最佳性能。

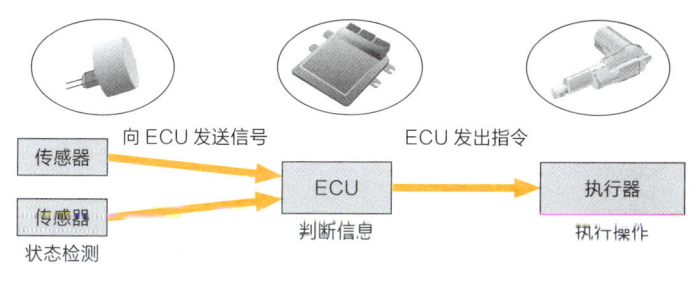

```
传感器 ──向ECU发送信号──→  ECU  ──ECU发出指令──→ 执行器
传感器 ─────────────────→ 判断信息 ─────────────→ 执行操作
状态检测
```

▲ 电子控制的构成

传感器的关键作用

在电子控制系统中，传感器就像是"眼睛"和"耳朵"，是感知外部世界的关键元件。如果没有传感器，汽车便无法实现自主运作。尤其是在自动驾驶系统中，环境识别能力完全依赖于传感器的精确检测。

车辆状态：检测车辆的基本行驶信息，如行驶、转弯、制动等动态行为。

部件状态：包括发动机、变速器（传动系统）等关键部件的运行情况，以及用于控制这些部件的执行器状态。

车内外环境：检测天气状况（如降雨、侧风）、障碍物（如其他车辆、行人、动物）以及温度、光照等环境参数。

驾驶员操作行为：检测驾驶员的操作动作，如油门踏板位置、方向盘转角、刹车踏板力度等，用于辅助或接管驾驶行为判断。

第 76 讲 非接触式体温计：红外测温的原理

传感器技术 /// ☑非接触式 ☑红外线 ☑热电堆

温度传感器的分类

温度传感器根据测量方式分为接触式和非接触式两大类。非接触式温度传感器（也称辐射温度计）通过检测物体发出的红外

▼ 温度传感器的分类

分类	测量原理	应用
接触式	利用温度变化导致液体体积变化的现象	酒精温度计、水银温度计
	利用将两种不同金属连接并在两接点间产生温差时，会产生电压的现象（塞贝克效应）	热电偶
	利用温度变化引起电阻值变化的现象	热电阻、热敏电阻
非接触式	测量被测物体辐射出的热能	辐射温度计（红外测温仪）

第 76 讲 非接触式体温计：红外测温的原理

线测量表面温度，无须物理接触，特别适合测量移动中的物体、食品、远距离目标、不宜接触的物体。

非接触式体温计的工作原理

所有物体都会发出红外线辐射，而且温度越高，辐射的红外线就越强。非接触式体温计（辐射温度计）正是利用这一原理，通过检测红外线的强度来实现对人体等目标的非接触式测温的。

非接触式体温计通过红外透镜将被测物体发出的红外线聚焦，并投射到一种被称为"热电堆"的探测元件上。

热电堆由多个热电偶串联而成。其吸收红外线后温度升高，根据温差产生相应的电信号。这个信号经过信号处理电路进行放大，并根据不同物体的辐射率进行修正，最终由显示器呈现温度读数。

值得注意的是，不同材质和表面状况的物体，其辐射率不同（0 ~ 100%）。使用非接触式体温计时，为了保证测量精度，有必要根据被测物体的特性进行相应设置和补偿。

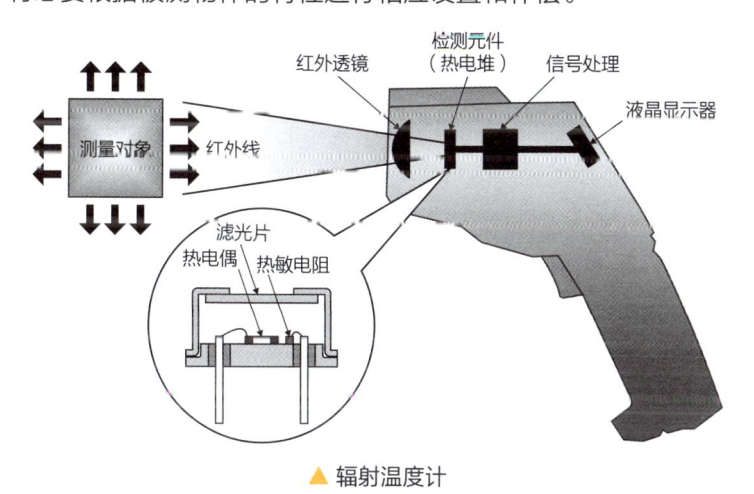

▲ 辐射温度计

第 77 讲 人体传感器：节能与安全利器

传感器技术 /// ☑温度差　☑焦电元件　☑极化电荷与浮游电荷

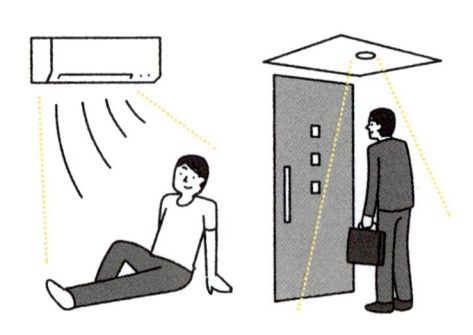

人体传感器的原理

人体传感器（人体感应传感器）是一种能够感知人类活动的传感器。它可以在感应范围内检测人体的移动，并据此自动控制设备的开关，如点亮照明灯或关闭电器。

这类传感器主要通过检测人体与周围环境之间的**温度差**，并将其变化转化为红外线信号进行识别。此外，还有一些人体传感器基于超声波技术，通过探测回波的变化来判断是否有人移动。

人体传感器广泛应用于日常生活中，如住宅户外灯、室内照明、厕所的自动冲洗系统、自动门等。使用这类传感器可以自动关闭空置空间的灯具或设备，有效节约电能。另外，作为安防传感器，它还能起到入侵检测等作用。

第 77 讲 人体传感器：节能与安全利器

焦电元件的工作原理

焦电元件由特殊晶体（如锆钛酸铅）制成，利用热释电效应检测红外线变化，是红外线人体传感器的核心组件。

- 自然状态（中和状态）：焦电元件内部因**极化**产生正负电荷分离；空气中的**浮游电荷**吸附于表面，保持电中性。
- 红外线照射（温度上升）：人体（36~37℃）发出红外线，照射焦电元件导致其温度升高；温度变化减弱极化程度，表面电荷减少，打破中性平衡，产生微弱电信号（正或负电荷）。
- 恢复状态（温度下降）：红外线消失后，元件温度下降，极化恢复至初始状态；浮游电荷逐渐平衡，元件恢复电中性。

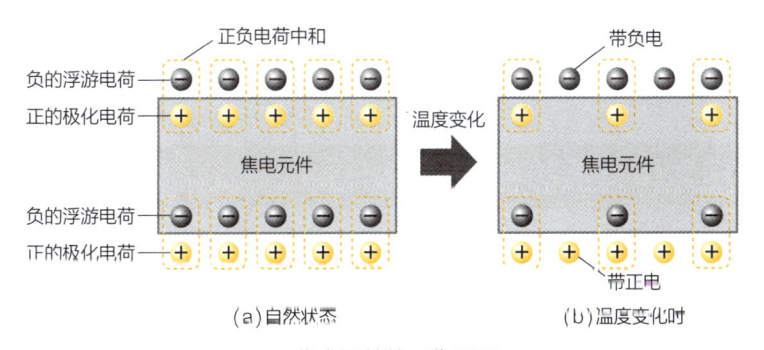

▲ 焦电元件的工作原理

焦电元件能检测微小红外线变化（约 0.1℃温差），因此有时也会因为猫、狗等温血动物的红外辐射导致误动作。此外，夏季高温（环境温度接近人体）或缓慢运动可能降低其灵敏度。当然，它也无法检测静止人体——无红外线变化。

第 78 讲 血压计是如何精准测量血压的?

传感器计划 ///   ☑形变 ☑电阻变化 ☑压阻元件

压力传感器的种类

　　压力传感器是一种用于测量气体或液体压力的装置,广泛应用于血压计、热水器、空调器、洗衣机等设备。其基本原理是利用**弹性体**(如硅膜片)在压力作用下的形变来推算压力大小。

　　形变可以根据电阻(压阻式)、电容、振动频率的变化来测量,也可以直接采用光学方法测量。

　　压阻式压力传感器因高灵敏度和易集成性,成为血压计等设备的首选。"压阻"(piezoresistive)一词源自希腊语"piezo"(意为"按压"),反映其基于**形变**的**电阻变化**特性。

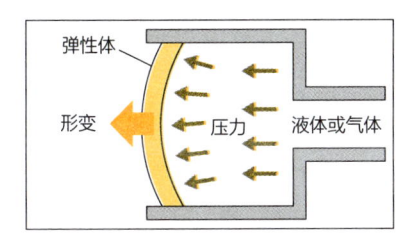

第 78 讲　血压计是如何精准测量血压的?

▲ 由压力引起的形变

压阻式压力传感器的工作原理

压阻式压力传感器的核心元件是**硅膜片**（弹性体），其表面附着**压阻元件**。压力（如血压计袖带的气压）施加于膜片，膜片变形，压阻元件随之形变，导致电阻变化。微小的电阻变化通过**惠斯通电桥**转换为电压信号，**提高灵敏度**。电压信号经模数转换器（A/D 转换器）数字化，由处理器计算出压力值，显示为血压读数（如 120/80mmHg）。

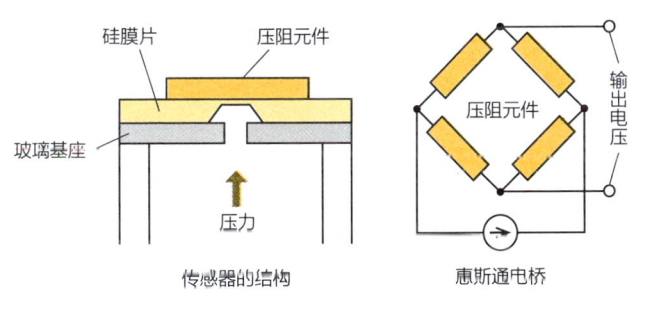

▲ 压阻式压力传感器

压力传感器测量的压力分为两类。

- **绝对压力**：以真空为基准，膜片一侧为真空室，测量总压力。常用于高精度工业场景。
- **表压**：以大气压为基准，膜片一侧暴露于大气。血压计通常测量表压，反映袖带相对大气的压力变化。

第79讲 图像传感器：光电转换圣手

传感器技术 /// ☑感光元件 ☑CCD·CMOS ☑像素

图像传感器

图像传感器是一种将光信号转换为电信号的半导体器件，也称**感光元件**或拍照传感器。它通过捕捉镜头入射的光线，生成数字图像，广泛应用于智能手机、数码相机、复印机、车载摄像头、安防监控等设备。

图像传感器通常采用三层结构：光线通过镜头进入，经微透镜聚焦；彩色滤光片分离 RGB 光线，光电二极管将光强转为电信号；电信号经放大和处理，生成数字图像。若无滤光片，则仅生成黑白图像。

- 微透镜：聚焦入射光线，提高光利用效率，增强每个像素的感光能力。尤其对小型传感器，可弥补**像素**尺寸小的光捕获不足。
- 彩色滤光片：采用红（R）、绿（G）、蓝（B）三色滤光片（通常为拜耳滤色器），仅允许特定波长的光通过。将光分解为颜色信息，生成彩色图像。
- 光电二极管：将光子转化为电信号（光电效应），光强越大，产生的电荷越多。光电二极管的数量即为传感器的像素数，是相机分辨率的关键指标。

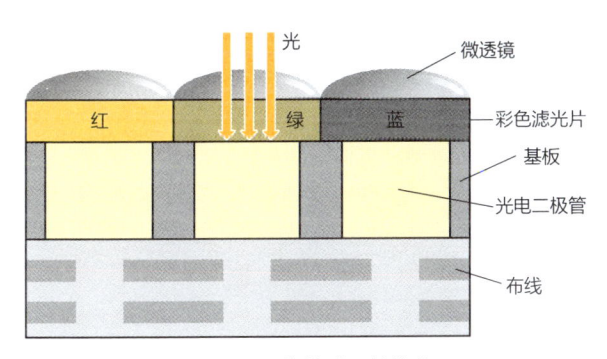

▲ 图像传感器的结构

CCD 与 CMOS 图像传感器

光电二极管产生的电信号微弱，需要放大后再读取。信号读取方式主要有两种：**CCD 式**和 **CMOS 式**。主要区别在于，CCD 式的所有像素共享一个放大器，信号统一传输，而 CMOS 式为每个像素配备独立放大器和 A/D 转换器。

过去，CCD 因高画质（低噪声、高动态范围）广泛用于专业相机。而随着技术进步，目前 CMOS 的画质已接近甚至超越 CCD，成为智能手机和消费级相机的主流选择。

传感器尺寸与画质的关系

图像传感器的画质不仅取决于像素数，还与传感器尺寸和像素尺寸密切相关。

- 像素尺寸：单个像素越大，捕获光子越多，信噪比越高，越适合低光环境，生成图像越清晰。
- 传感器尺寸：较大传感器容纳更多像素，即使像素数相同，画质亦优于小型传感器。
- 提高像素数可提升分辨率，但像素尺寸过小可能增加噪声，降低低光性能。